FORBIDDEN BOTANICAL GARDEN

禁忌植物園　船山信次

禁忌植物園

毒物、麻藥與藥草，來自黑暗深淵的危險香氣

船山信次

歡迎來到禁忌植物園

本書的日文原名爲「禁断の植物園」，查閱廣辭苑對「禁断」一詞所下的定義，會看到「禁絕某行爲。禁令。禁制」的解釋。此外，還一併收錄了「禁忌樹果」（禁断の木の実）之說明，內容爲「舊約聖經中，神所下令禁食的智慧果。亞當與夏娃受蛇引誘而吃下此果，遂被逐出樂園。後引申爲觸犯禁忌的歡愉」。

讀者們看到「禁忌植物」這個書名時，產生了何種聯想呢？是不是想到有毒、會對精神狀態有所作用、令人避之唯恐不及的花花草草呢？許多有毒的植物其實能拿來入藥，既能成毒亦能作藥，而且會不經意地引誘我們，因此本書才會以「禁忌植物」的說法來形容。

現在，各位就站在「禁忌植物園」入口。相信有許多人覺得禁忌這個詞彙帶有神祕感，有種莫名的吸引力。然而，這座植物園亦種植了不可靠近、吃入口後明顯會對自身造成某些傷害的有毒植物。其中有的甚至是一與它們扯上關係便須受到法律制裁。而這類植物同時大多具有令人著迷上癮的魅力。

這世上的有毒植物意外地多，有些雖不至於致命，但一吃下肚就會感到噁心反胃，導致腹瀉、腹痛，有些則是頃刻間令人一命嗚呼哀哉。此外，某些含有肝毒性的植物，會慢慢地損害內臟、引發癌症。而且在有毒成分中，有些化合物可謂具有神奇的能力，就好比被用來塗抹於箭頭的箭毒(Curare)那樣，能在一瞬間讓肌肉癱瘓無力。善加利用這項化合物，就能在狩獵與醫療方面派上用場。

另一方面，有些植物就像罌粟或古柯般，能製造出令精神狀態失常的化合物，有一部分的植物與其化合物因而被稱爲毒品。

自古有云「美麗的玫瑰帶刺」、「美麗的花朵含毒」等等，具有殺傷力的植物多半會開出艷麗的花朵也是不爭的事實。隨處可見此類植物的，正是這座禁忌植物園。或許亦可稱之爲專收各種略具危險性物種的植物園吧。

在此先聲明，本人（園長兼作者）並非積極鼓吹大家使用這些植物。針對不得隨意接近、具有危險性，以及必須經由專家指導方可使用之物，我會明確地解說正確的處理方式。另外，這座植物園並未網羅世上所有的危險植物，主要蒐集園長特別感興趣的植物做講解。

書中所介紹的各種植物生育地遍及暑熱與嚴寒地帶，橫跨濕地與乾地，具有豐富的多樣性。再者，一般而言，植物只有在固定的時期才會開花結果。在硬體設備上下功夫，或許多少有辦法將生育溫度或濕度不盡相同的植物栽種於同一塊腹地上，然而要打造出能同時欣賞到開花時期各異的植物們爭奇鬥艷的植物園，實屬不可能的任務。另一方面，有些植物則因法律規定而不得任意栽種。讓這類型的植物齊聚一堂，展現綽約風姿的這座植物園，只能藉由書本這個虛擬世界才得以實現。

在帶領大家進入這座禁忌植物園之前，先說明一下注意事項。其一，本書所記載的各種植物與其化合物(作爲藥物)的作用，僅屬於筆者個人所提出的學術見解，切勿囫圇吞棗，將之應用於自身或他人身上，這點還請大家特別留意。其二，書中會出現「瘋茄兒」之類的記述，但這只是據實呈現植物的別名，毫無侵害人權的意圖，還請各位讀者明察。

接下來，請大家移駕至迎賓廊道。園門即將開啟。

禁忌植物園園長．作者

目次

第二章　祕密藥草田

第三章　死之長廊

第四章　謎樣花園

第一章
誘惑人心的拱廊

觸動我們的感性，深受世界各地人們喜愛的花卉。在這些禁忌植物中，會綻放美麗花朵，讓我們深深著迷的種類相當多。而且，觀葉植物的葉片以及盆栽類的木本植物枝枒，也都是我們賞玩的對象。

不只如此，有些植物不但外型優美，還具備各種功用，在我們的衣食住中扮演不可或缺的角色。比方說棉與麻，爲我們提供了成爲衣物原料的纖維；米、麥、玉米、馬鈴薯則是各民族的主食，乃相當重要的食糧。另外，各式各樣的蔬菜與水果，不僅是我們日常餐點的材料，還豐富了人類的飲食生活。有些糧食作物具有甜味或散發獨特的香氣、成爲香辛料原料的植物，不單滿足食慾，更令我們爲之熱愛。在住居方面，植物除了能作建材外，亦能成爲家具與日用品材料。

我們人類具有視覺、聽覺、嗅覺、味覺以及觸覺五感，植物對五感所產生的強力作用也曾大幅改變了人類歷史。例如，原產於中近東的鬱金香，在十六世紀時被荷蘭商人引介至荷蘭本土。

荷蘭當時成立了東印度公司，正值邁入黃金時代的時期。有錢無處花，財產多多的人們於是競相搶買美麗的鬱金香球根，此現象後來甚至被稱爲「鬱金香狂熱」。最終，這個被認爲是全球首起泡沫經濟事件的榮景破滅，荷蘭經濟受到嚴重打擊，世界金融中心遂從荷蘭轉移至英國。也就是說，鬱金香居然令世界歷史的主角易主。

其他大幅改寫人類歷史的植物事例，還有入菜提味所不可或缺的香辛料，胡椒。這是因為哥倫布一行人為了尋覓印度產的胡椒而出航，結果發現了美洲大陸。

在現代，有些植物非常有吸引力，令我們深深著迷，甚至無法擺脫其箝制。最日常的例子莫過於菸草吧。我想大家應該再清楚不過，吸菸者很難戒除這項習慣。此外，有些植物在社會上被統稱為「毒品」，一旦對其著了魔，身心皆會受到戕害，陷入難以度過正常社會生活的狀態。罌粟與古柯乃最具代表性之物，而在法律上雖不屬於毒品，卻具有與毒品同等的魔力，令人無法自拔的則是大麻等植物。我認為，以「魔藥」稱之，會比日文所用的麻藥一詞更能顯現其特質。

接下來要帶領大家參觀的是本植物園的拱廊部分。爲各位介紹滿足我們人類慾望，令人拜倒在其魅力之下成爲俘虜，最後沉溺於墮落世界的各種誘人植物。

為人類帶來鴉片、嗎啡、海洛因

罌粟

Papaver somniferum 【罌粟科】

首先迎接我們的是展現著紅、白、粉紅、紫等色彩繽紛美麗花朵的罌粟。罌粟所開出的花在這座植物園中顯得特別搶眼，有些甚至高達一五〇公分，花姿艷麗妖嬈。從它爲人類帶來鴉片(阿片)、嗎啡、海洛因這一點來看，應可稱之爲最符合「禁忌植物園」屬性的植物之一吧。

罌粟是原產於歐洲東部、土耳其一帶的二年生草本植物。後來因成爲鴉片與嗎啡的原料植物，而廣被栽種於世界各地。罌粟屬的學名*Papaver*，乃源自希臘文的「*papa*（麵包粥）」。這是因爲劃開罌粟開花後所結出的果實時，會流出乳白色汁液之故，而以此命名。

在日本大約五月時，罌粟莖頂就會綻放紅、白、絞紋、重瓣等碩大而華美的花朵，最終長出被稱爲罌粟果的大型果實。這個果實完熟後，會從上方的孔洞中散出大量的細小種子，不過在其尚未成熟的階段，淺淺劃開果皮，擠掉流出來的乳白色汁液（一下子就會凝固轉黑），使其乾燥後就會成爲鴉片。從鴉片能取得的最主要成分爲嗎啡。將嗎啡再進一步透過乙醯化這項化學步驟加工，就能製出海洛因。

其實，鴉片開始被濫用進而成爲成癮性藥物的年代並不久遠。其起源爲十九世紀的大清帝國，結果引發了鴉片戰爭（一八四〇－四二）。以抽菸的方式來吸食鴉片，可謂受到哥倫布發現新大陸帶動菸草（吸菸）普及的影響。抽菸與鴉片這項組合，應可稱之爲史上最糟糕的文化交流之一吧。

一八〇五年，任職於德國某藥局的年輕藥劑師瑟圖納（F.W.A. Sertürner／

一七八三—一八四二），發表了成功從鴉片分離出嗎啡的報告。這份報告對人類而言為一大福音，但後來卻伴隨著各種陰影。由於嗎啡被單獨分離出來，再加上注射器於十九世紀中葉問世，導致參與美國南北戰爭（一八六一—六五）的士兵不斷出現嗎啡中毒者。不只如此，人類還獲得了嗎啡的衍生物，海洛因。

一八九九年，德國的拜耳公司（Bayer）發售了將嗎啡乙醯化所製成的醫藥品。這項化合物是在一八七四年，由倫敦聖瑪麗醫院（St Mary's Hospital）的藥劑師萊特（C. R. Alder Wright／一八四四—九四）進行化學合成所製出的。其止咳作用比嗎啡更為強效，是一款被寄予厚望的新上市鎮咳劑，因此便以德文的「heroish（英雄、卓越、雄偉）」為語源，取名為「海洛因（Heroin）」。這款藥品於一八九八～一九一〇間流通市面，後來逐漸發現其具有極度強烈的成癮症與戒斷症狀。服用海洛因的患者據說呈現出「眼神空洞渙散地躺臥在床上，口水流個不停」的狀態（摘自佐藤哲彥等著《藥物社會學：精神藥物的使用規範與社會秩序》世界思想社出版，二〇〇九年，八十九頁）。由於這種無法令人接受

罌粟【罌粟科】約於五月時綻放紅色與白色豔麗花朵。最後會長出被稱爲罌粟果的果實，劃破其表皮會分泌乳白汁液。

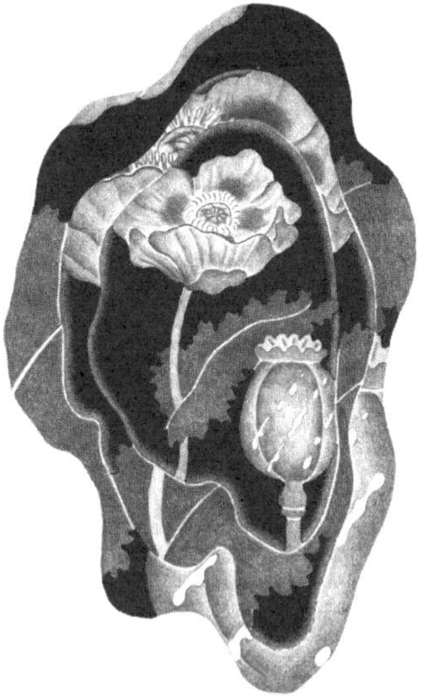

Papaver somniferum

的作用，現已不再將海洛因應用於醫療上。幸好，日本非法交易的海洛因量並不多，然而，放眼全世界，海洛因卻是目前流通量最大的「成癮性藥物」之一。

附帶一提，海洛因於一八九九年上市之際，拜耳公司同時亦推出了名為阿斯匹靈的解熱鎮痛藥。阿斯匹靈是將水楊酸乙醯化後所得到的化合物，意即將乙醯水楊酸以阿斯匹靈之名作為商品販售。這是至今仍在全球各地被大量使用的重要醫藥品。

罌粟雖是最具代表性的毒品植物，然而萃取自罌粟的嗎啡在醫療上實則扮演著無比重要的角色。因此，在印度與巴基斯坦等部分國家，為了醫療所需，而在嚴格管控之下允許合法栽種罌粟。

另一方面，有些地域則違法種植罌粟以取得鴉片，從鴉片萃取出嗎啡再加工成海洛因，流通於黑市，而成為一大社會問題。海洛因的交易價格高，又方便搬運，非法買賣的情況層出不窮。目前世界上主要的罌粟非法栽種地區爲，東南亞的泰國、緬甸、寮國三國邊境地帶，並被稱爲「金三角地帶(Golden Triangle)」。根據一九九四年的統計，非法栽種地的鴉片年度總產量甚至超過三千噸。

罌粟在日本經過改良後培育出一貫種(一反＝三百坪田地所栽出的罌粟，能取得一貫目＝三．七五公斤的鴉片)，雖屬於能大量收成鴉片的栽培品種，不過

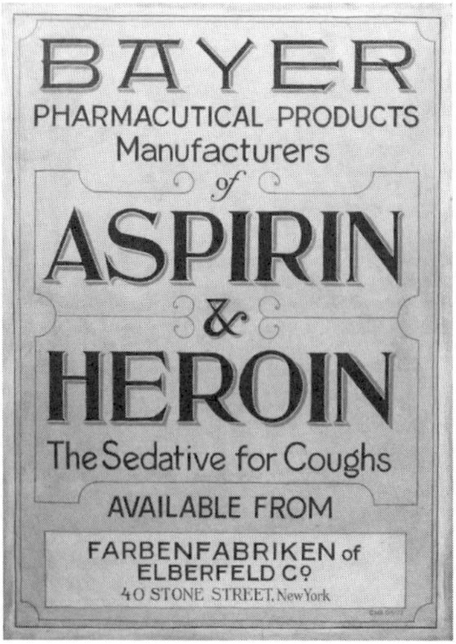

阿斯匹靈與海洛因（拜耳公司）宣傳海報

生長高度與罌粟果皆十分小巧袖珍，在過去主要是栽種來觀賞花朵的園藝品種。其中還有被稱爲牡丹罌粟或康乃馨罌粟的重瓣種類，美得不可方物。話雖如此，這些罌粟花也是能產出鴉片的罌粟。在日本偶爾會發現有民眾種植這類型的罌粟，因而觸法被檢舉。據說罌粟在第二次世界大戰前，出自觀賞與汆燙其嫩莖葉食用等目的而廣被栽種，相信有一部分應該是當時所遺留下來的吧。

以上所述的罌粟，雖然體積高度、花朵形態、罌粟果大小與形狀皆不盡相同，但都是同一種罌粟。目前受到日本法律管制的罌粟還有渥美罌粟（*Papaver somniferum subsp. Setigerum*）、袴鬼罌粟（*P. bracteatum*）。渥美罌粟能產出嗎啡等麻醉成分，但罌粟果十分小巧。另一方面，袴鬼罌粟無法產出嗎啡，卻能製造出蒂巴因(thebaine)這種與嗎啡類似的麻醉性物質，因此在日本的「毒品及精神藥物取締法」中被歸類於毒品原料植物受到管制。相對於這些所謂的「毒品罌粟」，目前一般家庭所栽種的雛罌粟（虞美人草／*P. rhoeas*）或鬼罌粟（*P. orientale*）等品種，由於不含麻醉性成分，因此不受法律限制，可自由栽植。

此外，由於罌粟種子無法提煉出毒品成分，因此被稱爲「罌粟籽」的種子在日本並沒有法律上的管制，經處理後不會發芽的的罌粟籽，被廣泛用來爲紅豆麵包、蛋糕、七味辣粉等作裝飾或增添風味。還有，在海外，有些國家規定只要不採集鴉片便可栽種罌粟，因此當地的園藝店會販售產出鴉片的罌粟種子，購買時必須注意。

大麻

Cannabis sativa【大麻科】

現在大家所看到的是大麻，長得十分高大吧，而且還相當筆挺。巨大宛如手掌張開的葉片非常引人注目。大麻是屬於大麻科一屬一種的雌雄異株一年生草本植物，原產地相傳爲中亞、裏海。大麻爲最古老的栽培植物之一，據說其栽培歷史有五百或七百年，甚至還有一說認爲長達一萬年之久。

當年度所播下的大麻種子，在發芽後會不斷成長，速度較快的在一年內便能長到六公尺高。由於大麻長得又快又直，因此日本自古會在嬰兒參拜用的禮服繡上大麻圖騰，作爲祈福保佑之意。另一方面，相傳古代忍者會在地面種下大麻種子，每天進行飛越大麻葉的訓練。高度在五十公分以內時應該游刃有餘，超過一公尺時就會逐漸顯得吃力，等到超過兩公尺時不知是否還有辦法飛越穿梭其上。

大麻的莖部能當作衣物纖維使用，除了製成麻布外，還被用來製作神社的搖鈴繩、相撲橫綱的腰帶、木屐的夾腳帶、和弓的弓弦等。此外，其種子「大麻籽」既能作爲鳥飼料，亦是七味辣粉的成分之一，還且還是麻子仁丸這款中藥的配方。大麻是貼近我們的生活，相當有用的植物，也被用在麻布與麻生等地名與人名上。

然而，大麻葉的雌花部分乃被稱爲Marijuana（大麻同義詞）、Hashish（大麻樹脂）、Ganja（大麻同義詞）等管制藥品的原料。日本媒體則統稱爲「大麻」，經常可見到相關報導。

「咦，大麻毒品是從大麻這種植物製造出來的喔？」針對這項提問，我會回答正是如此。也就是說，大麻毒品、麻纖維，以及大麻籽的原料都是產自同一種植物。如同前文所述，大麻是一屬一種的植物。

大麻含有令人產生幻覺的成分，主成分為Δ9-四氫大麻酚（Δ9-tetrahydrocannabinol／以下簡稱為ＴＨＣ）。由於大麻含有ＴＨＣ，因此在使用上有所爭議而受到管制。ＴＨＣ存在於大麻葉與雌花等部位，工業用、食用、藥用等所使用的莖部纖維與種子並不含有此成分。ＴＨＣ除了致幻作用外，近年來亦得知其具有破壞腦細胞的作用，被認為是一種危險的化合物。

日本自古以來將大麻視為用途廣泛的植物，甚至鼓勵人民栽種，直到第二次世界大戰後，在駐日盟軍總司令ＧＨＱ的一聲令下才開始列管。一九四六年十月，ＧＨＱ突如其來地將大麻列為毒品，下令全面禁止栽種原本不受管制的大麻。會這麼做是因為美軍士兵將吸食大麻享樂的習慣帶入日本之故。

然而，當時的日本尚未有為了享樂而吸食大麻的習慣，麻纖維更是被

大麻【大麻科】會長出宛如巨大手掌般的綠葉。乃被稱爲Marijuana、Hashish、Ganja等管制藥品的原料。

Cannabis sativa

視爲不可或缺的工業原料，因此日本與GHQ再三對此進行協商交涉。最後，美方撤銷將大麻列爲毒品的管制，日方則根據厚生、農林省令，制定「大麻栽培取締規則」，並於一九四八年頒佈「大麻取締法」。新法上路後，民衆必須申請許可方能栽植大麻。

日本提倡開放大麻的論調中，有些人主張「日本產的大麻管制成分THC含量低，因此不該限制栽種與持有並將之視爲犯罪」。然而實情是否眞是如此呢？

思考這件事時必須先設定兩項前提。第一項是，THC確實具有引發幻覺等各種對人類而言危險的作用。我想各位讀者們應該也能同意此點。另一項是，大麻的基原植物爲一屬一種，日本現今所栽種的大麻，雖說THC含量較少，但與產自海外的大麻仍屬於同一物種，只要進行繼代培養、改變栽種環境，就有可能產出引發幻覺等作用的足量THC。

綜觀以上的論點會發現，將日本與海外的大麻分開來看，容許一般大眾栽植與持有時，便會陷入「硬要在相同之物中做出區分」的奇妙矛盾中。換言之，除非上述的任一前提獲得科學證明並遭到推翻，否則與大麻打交道還是得受現行法律的規範。

只不過，假如大麻有其他成分被發現大爲有用，甚至凌駕THC的致幻副作用，那麼本園長並不排斥推薦將該「化學成分」(非大麻草本身)當作醫藥品使用。然而到目前止毫無這類的研究結果出爐也是不爭的事實。世界上也有放任大麻不管，結果導致事態無法收拾的國家，這點亦必須列入考慮。我們絕不能重蹈管控大麻濫用失敗國家的覆轍。

古柯樹

Erythroxylum coca 【古柯科】

古柯樹（俗稱古柯），是原生於南美玻利維亞與秘魯的常綠灌木，會開出黃綠、白色花朵與結出紅色果實。外觀看起來實在是不怎麼樣呢。古柯樹會長出長約六公分的橢圓形葉片，而這就是眾所周知的非法藥物古柯鹼(cocaine)的原料。

古柯鹼的原料植物除了玻利維亞產的古柯樹(*Erythroxylum coca*)外，還有祕魯產的爪哇古柯(*E. novogranatense*)。從這些樹木葉片所取得的生物鹼(alkaloid，分子中含有氮的有機化合物，多半對動物具有強烈的生理作用)即為古柯鹼，並被列管為毒品。在玻利維亞等地會以「列治亞」這種以水拌草木灰凝固而成的物質，搭配古柯葉嚼食，這在礦山勞工之間被當作嗜好品並成為日常習慣。

古柯是住在安地斯高原的印第安人，在古時候所發現的能減緩壓力與過勞疲累的植物。進入十二世紀後，隨著印加帝國崛起壯大，民眾開始熱衷於栽種號稱「印加神聖植物」的古柯。

在玻利維亞等地，至今依然能合法買賣古柯葉，當地旅館也習於提供古柯茶作為迎賓茶品。由於玻利維亞高地較多的緣故，因此人們喜愛飲用對高山症十分見效的古柯茶。

一般認為，以飲茶或嚼食的方式來使用古柯葉，並不會引發什麼大問題。然而，自人們懂得從古柯葉分離出古柯鹼，開始進行大量攝取後，危險性隨之浮現，逐漸成為一大社會問題。

古柯鹼現今在日本被列爲毒品，受到「毒品及精神藥物取締法」管制。產自罌粟的鴉片、從鴉片取得的嗎啡，以及從嗎啡進行化學合成所製成的海洛因，皆是所謂的「鎮定劑型」毒品，相對於此，古柯鹼則是「興奮劑型」毒品。換句話說，攝取古柯鹼不會像嗎啡般令人進入昏昏欲睡的狀態，反而會出現興奮、狂暴等現象。一般咸認古柯鹼所引起的生理依賴性低，但似乎會引發強烈的心理依賴性。

再來說說廣受全球消費者喜愛的「可口可樂」飲料，當初是因爲原料成分含有古柯葉與可樂果(Kola nut)的緣故，才如此爲商品命名。可口可樂的早期宣傳海報寫著「不只好喝而已，還具有治療頭痛、神經痛、歇斯底里、憂鬱症等神經症狀的作用」。現在的可口可樂雖仍沿用同一名稱，但當然不含有古柯鹼。

攝取古柯鹼時，相較於注射，大多採用鼻吸法，將鹽酸古柯結晶倒在鏡面或大理石桌等平滑面上，以刮鬍刀之類的工具將結晶剁碎，接著將粉末排成條狀，再以吸管或將紙鈔捲成筒狀吸入鼻內。我想應該有很多讀者在電影等橋段看過這個場景。此外，長期間以鼻吸方式攝取古柯鹼時，據悉會導致組織壞死與鼻中膈穿孔。

另一方面，古柯鹼亦具有局部麻醉作用。發現者是一位名叫科勒(Carl

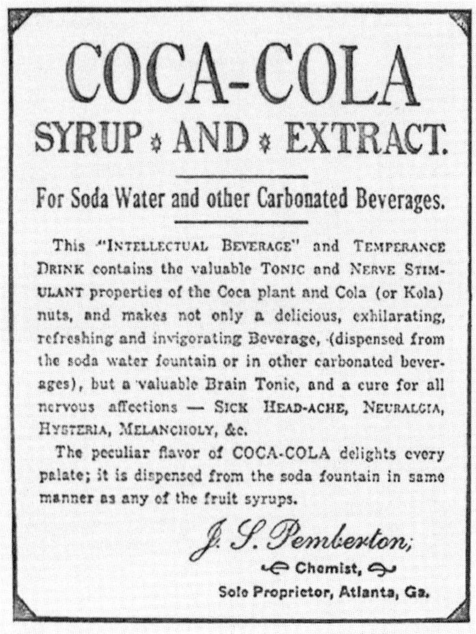
COCA-COLA
SYRUP AND EXTRACT.
For Soda Water and other Carbonated Beverages.
This "INTELLECTUAL BEVERAGE" and TEMPERANCE DRINK contains the valuable TONIC and NERVE STIMULANT properties of the Coca plant and Cola (or Kola) nuts, and makes not only a delicious, exhilarating, refreshing and invigorating Beverage, (dispensed from the soda water fountain or in other carbonated beverages), but a valuable Brain Tonic, and a cure for all nervous affections — SICK HEAD-ACHE, NEURALGIA, HYSTERIA, MELANCHOLY, &c.
The peculiar flavor of COCA-COLA delights every palate; it is dispensed from the soda fountain in same manner as any of the fruit syrups.
J. S. Pemberton;
Chemist,
Sole Proprietor, Atlanta, Ga.
可口可樂早期的文宣海報

Koller／一八五七－一九四四）的年輕醫師，當時任職於因精神分析而馳名的精神分析學創始者佛洛伊德（Sigmund Freud／一八五六－一九三九）的診所，擔任助理。科勒在佛洛伊德前往維也納的期間，於一八八四年九月十五日，在海德堡（Heidelberg）的眼科學會上提出了這項震驚全場的發表。他表示自己將古柯鹼用於眼部外科手術，並大獲成功。在這之前，沒有安全的麻醉劑可供眼部手術使用，令患者與醫師頗爲傷神。透過科勒的發表，醫界才發現稀釋過的古柯鹼溶液，能在進行眼部手術時，用來當作角膜的局部麻醉劑。

當時的科勒手頭吃緊，連維也納至海德堡的旅費都成問題，因此據說這份發表內容是由其他醫師代讀的。然而，科勒因爲這項發現而變得舉世聞名，後來轉赴紐約，以開業醫師的身分展開醫療活動直至一九四一年。

古柯鹼作爲局部麻醉劑的用途多元，而且已知能應用於身體各部位的麻醉。像是無須全身麻醉的手術，比方說，從手腳取出子彈或喉嚨手術皆可使用古柯鹼，對人類而言乃一大福音。古柯鹼在這之後長期被當作耳鼻

古柯樹【古柯科】分布於南美玻利維亞與秘魯的常綠灌木。乃眾所周知的非法藥物古柯鹼原料。

Erythroxylum coca

科與眼科手術所不可或缺的局部麻醉劑使用。

然而，現在一般則參考古柯鹼的化學結構，研發出鹽酸利度卡因(lidocainehydrochloride，商品名爲苦息樂卡因，Xylocaine)與鹽酸普魯卡因(procaine hydrochloride)製劑來當作局部麻醉劑使用，以取代古柯鹼。前者最常被用於牙科治療，後者最令人驚嘆的用途爲脊椎麻醉。將鹽酸普魯卡因注射於脊椎骨之間的脊髓液時，注射位置以下的身體部位會完全失去感覺，而且具有幫助患者熬過手術的持續性效果，因此在這項使用目的上，鹽酸普魯卡因的效果實屬出類拔萃。此外，這些人工合成的局部麻醉劑名稱末尾皆爲「～卡因」，是因爲它們都是根據古柯鹼(又譯可卡因)的化學結構所設計而來的。

產出幻覺劑ＬＳＤ的黑色惡魔

麥角菌

Calviceps purpurea　【麥角菌科】

再稍微往拱廊內前進，會來到種植著黑麥的角落。請大家仔細看看，是否發現黑麥麥穗上有黑黑的東西呢。這就是麥角。

麥角菌在分類學上爲子囊菌的一種，主要寄生於禾本科植物，尤其是黑麥等作物上。被麥角菌寄生後，如大家所見一般，就會產生被稱爲麥角(Ergot)肖似老鼠糞便形狀與顏色(黑色)的菌核。Ergot這個名稱源自法文argot(雞距)一詞，意指「公雞腳蹬子」。

過去，麥角菌所引發的疾病令人聞之色變。吃下被此菌感染的黑麥民衆，紛紛罹患手腳壞死的怪病並因此喪命。食用被麥角汙染的穀物時，血管會收縮，血液無法順利循環至手腳，繼而產生火燒般的灼熱感，接著腿部會發黑、出現壞疽情形。當時的民衆相信，只要前往敬奉聖安東尼的教會巡禮便能治癒此病。因此，這項怪病的流行遂被稱爲「聖安東尼之火(St. Anthony's fire)」。其實，前往朝聖便能消除業障治病的說法，研判是因爲外出巡禮時的飲食有所變化，不同於平常所致，也就是說，動身至異地的過程中沒吃到混有麥角的麵包，疾病才得以好轉。

關於這項疾病的由來已久，遠至西元前六〇〇年的亞述帝國時代，相傳已在黏土板上刻下對麥角的警告。中世紀以來的「聖安東尼之火」紀錄則從一五八一年持續至一九二八年。麥角中毒的原因則在一七世紀末時釐清。

明知麥角具有可怕的毒性，但自古以來，歐洲的產婆往往將麥角當作產婦的促進子宮收縮劑使用。後來才從麥角中單獨分離出促進子宮收縮的成分，也就是麥角生物鹼(ergot alkaloids)類。其中一部分具有被稱爲麥角酸(lysergic acid)的共通化學結構，最具代表性的麥角生物鹼爲麥角胺(ergotamine)。

透過化學手法加工麥角酸所得到的其中一項物質，即爲毒品LSD。LSD全名爲麥角酸二乙醯胺，就是取該化合物的德文名Lyserg Säure Diäthylamid的第一個字母，而縮寫成此名稱。

LSD於一九四三年時問世。進入一九六〇年代後，會致幻的LSD隨著大麻與嬉皮運動掀起一陣狂潮，急遽擴散至全世界。

相較於嗎啡和古柯鹼等物，LSD算是歷史很短的毒

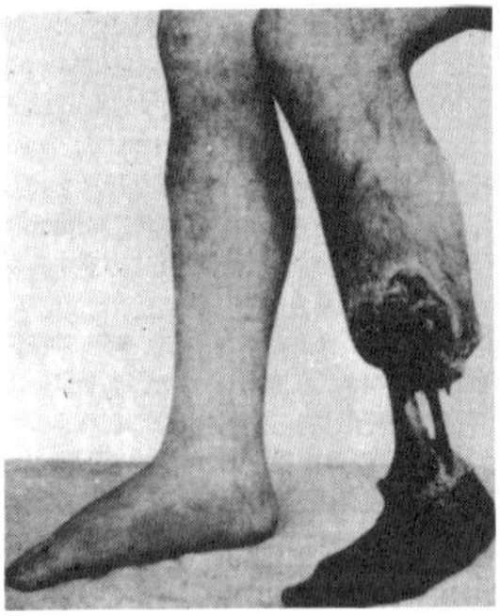

聖安東尼之火所造成的腿部壞疽（摘自W. H.Lewis, P.F.Elvin-Lewis, Medical Botany, John Wiley&Sons, 1977年，417頁）

品。而且，相對於嗎啡與古柯鹼分別來自罌粟與古柯這種高等植物，ＬＳＤ則是源自寄生於高等植物的麥角，再透過化學操作將麥角產出的生物鹼加工製成，屬於半合成物質。就這一點來看，ＬＳＤ與透過化學手法加工嗎啡所得到的海洛因頗有相似之處。

ＬＳＤ的本質爲迷幻藥，不具麻醉作用，性質與嗎啡和海洛因大不相同，反而較爲類似大麻。

ＬＳＤ是由任職於瑞士山德士（Sandoz）製藥公司的研究員，赫夫曼（Albert Hofmann／一九〇六–二〇〇八）所發現的。赫夫曼於一九四三年春天，化學合成了麥角酸二乙醯胺，並試圖將其以酒石酸鹽的形態進行結晶化。在這個過程中，他的身體狀況逐漸起了變化，最後甚至無法進公司上班。當時赫夫曼對上司所提出的報告內容（摘自M. Hesse' *Alkaloids–Nature's Curse or Blessing?*' 二〇〇二年，三三七頁，由筆者節譯）如此寫道：

「一九四三年四月十六日(五)午後，在實驗過程中出現頭暈目眩的情況，令我心神不寧，因而告假返家，整個人彷彿中毒般十分難受，只得臥床休息。接著漸感昏昏欲睡，但陽光刺眼不甚舒服，閉上雙眼後卻看見形狀超乎現實，宛如萬花筒般繽紛的色彩。大約兩小時後，這些症狀便消失無蹤了。

(筆者註：以下爲四月十九日(一)所發生之事)

我心想必須徹底查明此事，決定透過自己的身體來進行人體實驗。由於實驗必須小心謹慎地進行，所以起初先服用了最小劑量，亦即LSD酒石酸鹽二五〇微克(一公克的四千分之一)。結果出現了與上週五所經歷過的相同感覺變化。我厚著臉皮拜託對我的人體實驗感到擔憂的實驗助理，請他「陪同我回家」。

騎自行車(赫夫曼註：適逢戰時，汽車僅限部分特權階級搭乘)回到住家的路程中，我的身體狀況變得異常古怪。放眼所及之物皆爲波浪狀，彷彿映照於彎曲的鏡面般歪斜扭曲。而且，我的自行車似乎卡住，一動也不動。然

麥角菌【麥角菌科】寄生於黑麥等穀物的菌類。令作物穗部長出黑色菌核，食用後會導致手腳壞疽，嚴重時甚至可能致死。

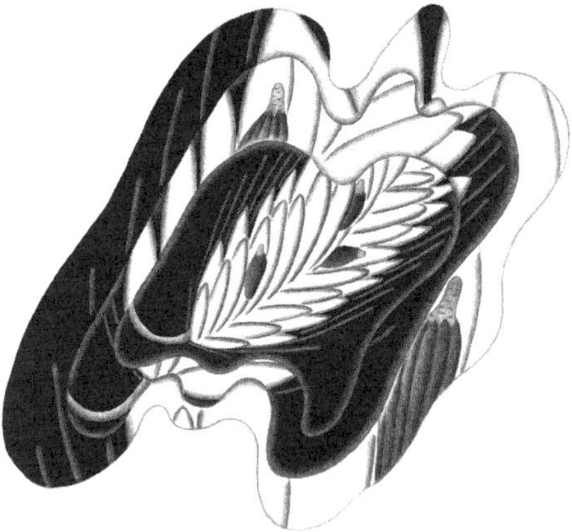

Claviceps purpurea

而，根據實驗助理後來告訴我的內容，實情是我倆飛快地踩著自行車狂奔。費了好大的勁才終於回到家。（以下略）」。

ＬＳＤ被發現後，曾一度因爲能形成人造精神病，以及被吹捧爲「速成之禪（Instant Zen）」而備受推崇，大受矚目。然而，後來終究受到法律管束。日本亦從一九七〇年起，將ＬＳＤ列爲「毒品」管制，現在則是「毒品及精神藥物取締法」所明定的管制對象。

服用ＬＳＤ會導致視覺、聽覺、時間、空間感覺、情感等大腦作用變得不正常。換句話說，少量的ＬＳＤ便能帶來可稱之爲「人造樂園」的快樂感。ＬＳＤ被視爲迷幻藥，意卽能夠暫時引起精神異常狀態的藥物。雖號稱人造樂園，但有時似乎也會遇到無異於「人造地獄」的狀況。ＬＳＤ會引發色彩與聲音感覺異常的這項性質，有段時期也曾令藝術家們趨之若鶩，但這終究是借助人造之物的力量，而非發自眞實自我的藝術創作，這點是無庸置疑的。

皮約特仙人掌

Lophophora williamsii【仙人掌科】

請大家看向腳邊，有一大半的植物體都埋進土裡的，是仙人掌家族中的皮約特仙人掌。這種無刺仙人掌在日本亦被栽種來觀賞用，日文名爲「烏羽玉」。

皮約特仙人掌原生於墨西哥與美國南部沙漠。在當地，每逢舉辦宗教儀式之際，就會服用此仙人掌的乾燥球莖。神職人員服用後，據說會看見千變萬化的強烈色彩幻覺，接著進行各種祭神表演來主持宗教活動。切取此仙人掌的頂部，乾燥成圓盤狀之物，被稱爲麥斯卡爾圓扣或皮約特圓扣。在其生長地，許多人自稱「皮約特經銷商」，爲了賺錢而濫採皮約特仙人掌，導致野生種瀕臨滅絕的危機。

這種仙人掌能分離出苯乙醇(phenethyl)胺類的各種生物鹼，其中也包含了引發幻覺的化合物。關於這點，安德森(E. F. Anderson／一九三二–二〇〇一)在其著作《Peyote · The Divine Cactus》(The University of Arizona press'一九八〇年)提出了詳盡的說明。

致幻性生物鹼的主成分爲麥斯卡林(Mescaline)。如同先前所述，能分離出此化合物的仙人掌原料被稱爲麥斯卡爾圓扣(Mescal Buttons)，因而據此衍生出麥斯卡林這項名稱。

麥斯卡林的化學結構早在一九一九年便已明朗化。它在植物體內的生物合成過程爲，酪胺酸(L-Tyrosine)這種胺基酸氧化轉變爲L-多巴(L-Dopa)，接著脫羧生成多巴胺(3,4 - dihydroxyphenethylamine)。

麥斯卡林與腦內神經傳導物質兒茶酚胺類（DOPA等）的化學結構十分類似，因此有一說認爲麥斯卡林進入體內後可能因此蒙混過關，取代了兒茶酚胺類的作用，但詳情至今仍不得而知。

麥斯卡林具有引發幻覺的作用，因此被列爲毒品管制。一般認爲，每公斤體重服用五毫克的劑量時，就會產生焦慮感與幻覺。換言之，服用者會因爲強力的幻視誘發作用，看見色彩鮮豔的花紋、人物、動物等圖案。只不過，據聞這樣的服用量在產生幻覺前，會先引起強烈的反胃噁心感等不舒服的副作用，所以是不太受歡迎的迷幻劑。

而且這項毒品的化學結構較爲簡單，過去曾發現某宗教團體大量化學合成此物質，以用來對信衆洗腦，控制其思想。此外，麥斯卡林雖爲「毒品及精神藥物取締法」的管制品項，不過截至目前爲止，在日本栽種含麥斯卡林成分的皮約特以及俗稱烏羽玉的仙人掌作爲觀賞，並沒有任何限制。

皮約特仙人掌【仙人掌科】

原生於墨西哥與美國南部沙漠。每逢舉辦宗教儀式之際，就會服用此仙人掌的乾燥球莖。

Lophophora williamsii

育亨賓樹

Pausinystalia yohimbe【茜草科】

這裡所種植的是原生於西非，在當地被稱爲育亨賓(yohimbe)的常綠喬木。樹高約三十公尺，紅褐色的樹皮自古以來在西非地區不但被當成茶品飲用，還被作爲催情藥物使用。其有效主成分，就是被命名爲育亨賓鹼(Yohimbine)的生物鹼。

大量投予育亨賓鹼時，會產生阻斷交感神經α_2受體的作用，抑制從受體末梢游離的去甲腎上腺素。結果會導致皮膚、黏膜血管，尤其是外陰部血管的擴張。而且，據聞育亨賓鹼還具有促進位於薦椎的勃起中樞興奮的作用。至於會帶來何種效果我想應該不言而喻。也因爲這些緣故，育亨賓樹皮與主成分育亨賓鹼便被當成催情藥應用。

在美國，將育亨賓規格化所製成的化合物，鹽酸育亨賓，是治療勃起障礙的處方藥。此外，在日本亦將育亨賓鹼當成醫藥品使用，適用症狀爲衰老性陽痿、早發性射精、神經衰弱性陽痿等，但被列爲毒劇藥。副作用爲發疹、發紅、頭暈、失眠、顫抖、煩躁、頭痛、頻脈、焦慮感、虛脫感，還有可能出現具有致命危險的血壓上升或下降等情況。

另一方面，日本國內似乎也有添加育亨賓樹皮及萃取液的錠劑與膠囊型營養補充品、保健食品流通市面，這些產品所含有的育亨賓鹼量本就不明，不能與醫藥品混爲一談，務必當心。再者，日本原本就將這些物質列爲醫藥品成分，禁止所謂的保健食品使用。然而，網路等通路有可能販售海外製的這類產品，因此在這方面亦須多加留意。

除此之外，與育亨賓鹼同樣具有擴張血管的作用，並被用於同樣目的的藥物，還有化學合成藥威而鋼。威而鋼原本是治療狹心症的藥物，換句話說，是為了擴張心臟血管所研發出來的醫藥品。然而，在研發過程中發現此藥的副作用會引起強烈的勃起反應，因而成為副作用反客為主被加以利用的另類醫藥品。因此，服用威而鋼時，併用同樣具有擴張心血管作用的硝酸甘油與亞硝酸異戊酯等藥物，是相當危險的。

二〇一七年二月，日本厚生省與福岡縣針對含有育亨賓鹼與威而鋼成分的「偽健康食品」，呼籲民眾審慎攝取。畢竟這是應該經由專家指導後才可使用的醫藥品，因此園長本身也不建議一般讀者在沒有概念的情況下貿然服用。

育亨賓樹【茜草科】原生於西非的常綠喬木。紅褐色的樹皮含有育亨賓鹼，自古以來被作爲催情藥使用。

Pausinystalia yohimbe

曾是夜間飛行必需品的「冰毒」

麻黃

*Ephedra equisetina*等　【麻黃科】

麻黃是原生於中國的麻黃科麻黃屬(*Ephedra*)多年生植物，既是草麻黃(*E. sinica*)、木賊麻黃(*E. equisetina*)、雙穗麻黃(*E. distachya*)的總稱，亦是取這些植物的地上部作爲原料的生藥名。這種植物外觀看起來似乎只有莖部沒有葉片，但其實葉片已退化轉爲鱗片狀。從其地上部能分離出中藥麻黃的主成分麻黃鹼(*ephedrine*)這種生物鹼。

麻黃在中醫被用作發汗、鎮咳、解熱藥，亦是葛根湯等各種漢方藥劑的配方成分。此外，麻黃也是對鎮咳與支氣管哮喘具有顯著效果之麻黃鹼鹽酸鹽的製造原料。

從麻黃分離出麻黃鹼的是日本人，首份報告則於一八八五（明治十八）年問世。之後，經由美國藥理學家發現，麻黃鹼具有擴張氣管與止咳的作用，因而成爲衆所皆知的支氣管哮喘特效藥。此外，現在的感冒藥爲求止咳效果，多半會加入透過化學操作將麻黃鹼甲基化的甲基麻黃鹼。

另一方面，麻黃鹼另一項廣爲人知的俗稱爲冰毒。亦是法律上所稱的興奮劑原料。目前，日本「興奮劑取締法」第二條第一項第一號規定，興奮劑爲「苯丙胺、甲基苯丙胺及其鹽類」，這些分別是指安非他命、甲基安非他命（具有冰毒等別名）。

興奮劑如同先前所述的內容般，與海洛因和ＬＳＤ同樣都是從天然生物鹼類，經由化學手法製出的半合成化合物。換言之，甲基安非他命就是從麻黃鹼的化學結構研究過程中產出的化合物，因此興奮劑其實是發祥自日本的藥物。只不過，這項半合成化合物在問世過了一段時間後，直到第二次世界大戰開戰前，才得知其具有興奮劑性質。甲基安非他命的中樞興奮作用於一九三八年由納粹政權下的德國所發現，這項消息也接著傳到日本。這就是甲基安非他命被當成興奮劑的由來。

甲基安非他命以「Philopon」的商品名上市，成爲提神醒腦、振奮精神的藥物。Philopon的語源爲希臘文的「*philopons*」，代表「熱愛工作」之意。彼時正值進入第二次世界大戰的時期，這項錠狀商品遂被稱爲「貓眼錠」，包括夜間值勤的軍人、進行夜間飛行的飛行員，甚至連軍需產業的工廠作業員皆習於使用。

原用於軍事用途的冰毒，因在戰後被大量釋出至民間社會，而在日本引起爆炸性的大流行。在「興奮劑取締法」甫頒布後的一九五四（昭和二十九）年，總計有五萬六千名吸食者遭到檢舉。

目前與甲基安非他命同樣受到興奮劑取締法管制的另一項藥物，爲欠缺甲基的苯丙胺，亦即安非他命。安非他命是在十九世紀末時，於柏林大學透過化學合成所製出的化合物。由於這兩項化合物相繼問世，因此日本現行的「興奮劑取締法」才會將安非他命與甲基安非他命一併列入管制。

其實，興奮劑與存在於我們體內的腎上腺素，以及去甲腎上腺素的化學結構相似，具有引起交感神經與中樞神經興奮的作用。只不過，腎上腺素與去甲腎上腺素無法通過血腦屏障，從體外進行投予，也不會出現中樞神經興奮作用，相對於此，興奮劑成分卻能夠通過血腦屏障，而且不僅影響大腦皮質，還會對腦幹產生作用，整個人會因爲中樞神經興奮導致心跳加速、瞳孔擴散、大量出汗、血管收縮、血壓上升。

服用興奮劑（據悉初次使用者的用量約爲二十～五十毫克）後，會開始出現好辯、興奮、焦慮、失眠等各種症狀。因腸道蠕動受到抑制、膀胱括約肌收縮之故，據聞往往會引起便祕以及排尿困難等情況。症狀加劇時會進入譫妄狀態，精神錯亂做出攻擊行爲。尤有甚者，還會因爲高燒、痙攣、昏睡而陷入虛脫狀態，引發心臟衰竭或腦出血，甚至可能致死。

另一方面，屬於興奮劑之一的甲基安非他命鹽酸鹽，也曾是收錄於日本藥典的正規醫藥品。據當時的《日本藥典解說書》(日本藥典解說書編輯委員會編著)所記，甲基安非他命鹽酸鹽「可用於治療猝睡症、各種昏睡、嗜眠、朦朧狀態、胰島素休克、憂鬱症、抑鬱症及精神分裂症的遲鈍反應，亦能促進病患從外科手術後的虛脫狀態中復原、從麻醉狀態甦醒，並能用來改善因麻醉藥、安眠藥所引起的急性中毒」。至於相關副作用則寫道：「反覆投藥會產生成癮性乃最重大的副作用。其他除了興奮、情緒不穩、暈眩、不眠、欣快症、四肢顫抖、頭痛外，還有心悸、頻脈、血壓上升等情況，以及出現食慾不振、口渴、味覺異常覺得有怪味、腹瀉、便祕以及蕁麻疹等過敏症、陽痿、性慾的變化等。亦透過實驗動物證實具有致畸胎性」。

在各種濫用藥物中，海洛因與古柯鹼乃世界主流，相對於此，日本流通最廣的卻是興奮劑，尤其甲基安非他命更是最常被使用之物，這一點可說是相當特殊。此外，在歐洲，由於安非他命的價格低廉，因而被稱為「窮人的古柯鹼」，據聞年輕族群的濫用成為一大社會問題。

木賊麻黄／麻黄【麻黄科】原生於中國的多年生植物。其地上部在過去曾是夜間飛行所必備的興奮劑「冰毒」原料。

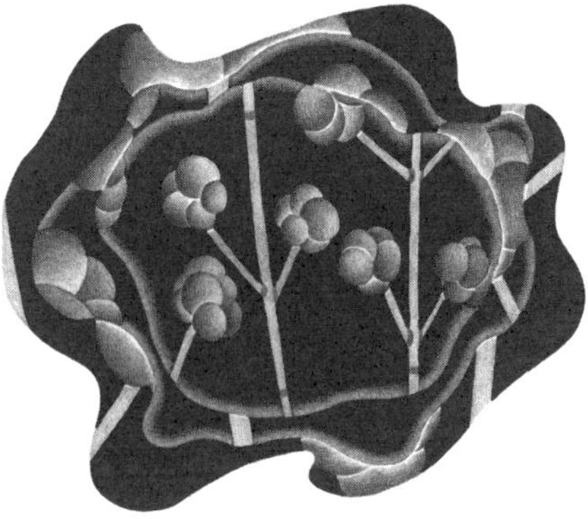

Ephedra equisetina

一般咸認興奮劑不具有生理依賴性或生理依賴性很低，然而興奮劑的可怕之處在於強烈的心理成癮性，會令人無比依賴而無法自拔。攝取興奮劑後的爽快感、欣快感會隨著藥效消失而消逝，而且停止攝取時，會出現極度的疲勞與倦怠感、抑鬱等情況，據說會痛苦到令人難以忍受的地步。因此，為了逃避這樣的狀態，以及想再度沉浸於爽快感與欣快感中的強烈慾望，會令吸食者明知不可為還是忍不住對藥物出手。這就是興奮劑所造成的高度心理依賴。有些興奮劑吸食者甚至斬釘截鐵地表示「想憑自身的意志不再碰毒，根本不可能」。也就是說，興奮劑反倒成為主體，主宰著吸食者的身心。麻黃這種植物，究竟是藥還是毒（濫用藥物），端看人們如何與之打交道。

深受藝術家們喜愛的禁忌之酒，艾碧斯

苦艾

Artemisia absinthium【菊科】

苦艾是廣泛分布於北非、北美、歐洲以及亞洲的植物。由於其枝與葉被用來驅除腸道寄生蟲，因此在英語圈被稱爲Wormwood。花語爲「愛的離別」。

苦艾是歐洲自古以來所使用的藥草之一，也是「哈利波特」系列小說中所描述的魔藥原料。苦艾全草含有強烈的苦味成分，除了驅蟲外，還被拿來當成整腸健胃藥，以及被應用於滋補強壯、消炎、解熱等目的。此外，人們也會把乾燥的苦艾裝袋作爲衣物防蟲劑使用。不但聖經中有關於苦艾的記載，西元前一五五〇年左右的莎草紙也有相關紀錄。生藥名亦爲苦艾。

苦艾也被用來當作艾碧斯(Absinthe)與香艾酒(Vermouth)這種藥草酒的原料，艾碧斯還被稱爲「禁忌之酒」或「綠精靈」。這兩款酒類則在明治初期傳入日本。

艾碧斯是在十八世紀時，於蒸餾酒中加入苦艾所製成的。這是一款帶有淡綠漂亮色澤的利口酒。據聞其酒精濃度多半高達七十度，最低也有四十度。

艾碧斯過去在法國曾令梵谷、高更、莫內、羅特列克、畢卡索等藝術家爲之著迷，也是激發他們的感性，甚至導致他們走向破滅的酒類。艾碧斯亦曾被當作解熱藥使用，但連續飲用時，據聞會產生幻覺與錯亂感，後來遂被禁止製造販賣。艾碧斯對中樞神經所造成的作用，據悉是源自側柏酮(thujone)這項成分。側柏酮爲精油成分的一種，具有強烈的神經毒性、麻痺性、昏睡、痙攣等作用。後來，WHO規定側柏酮殘存量爲十PPM以下（苦味利口酒爲三十五PPM以下）時即爲符合標準，全面遭禁的艾碧斯因而得以恢復製造。

艾碧斯含有來自苦艾的大量精油成分，兌水時會呈現白濁色。這是因爲融出的精油成分被兌水稀釋後，乙醇的含量會降低，精油成分全量融解因而變白濁。

另一方面，香艾酒是以白葡萄酒爲基底，搭配苦艾等香草與辛香料所製成的加味葡萄酒，還可再細分爲口感較烈與甘甜款。香艾酒的原文名Vermouth是來自德文的「Wermut＝苦艾」。其酒精濃度爲十四～二十度，在日本酒稅法上的定位爲甘味果實酒，而非比照葡萄酒被列爲果實酒。

香艾酒亦被用來調製雞尾酒，口感較烈的香艾酒主要用於「馬丁尼」，口感較甜者者則用來調製「曼哈頓」。兩款雞尾酒皆相當有名，馬丁尼則是以口感較烈的香艾酒搭配琴酒等所調製而成的，其中琴酒比例特別多的酒款被稱爲「不甜馬丁尼」（Dry Martini）。

苦艾【菊科】歐洲自古以來所使用的藥草之一。亦是深受藝術家們喜愛的禁忌之酒，艾碧斯的原料。

Artemisia absinthium

菸草

Nicotiana tabacum　【茄科】

碩大的葉子隨風搖曳。這個名叫菸草的植物正是爲人所吸食的「香菸」原料。抵達美洲大陸的哥倫布一行人，看到當地人們從嘴裡吐出煙霧的景象大感驚奇。這就是他們與抽菸的第一次接觸。

菸草爲茄科一年生植物，原產於南美，會開出粉紅色的亮麗花朵。茄科中有許多有用植物，諸如茄子、番茄、青椒、辣椒、馬鈴薯、枸杞、矮牽牛等等，不過菸草在各方面卻是令我們不得不深思今後該如何與之相處的植物。

相傳抽菸習慣隨同梅毒這項病原菌，經由哥倫布等人從美洲大陸(新大陸)帶進舊大陸。不好的事物總是傳播得特別快，無論是吸菸還是梅毒，皆迅速在世界各地蔓延開來。據悉菸草是在天正年間(一五七三-九二)傳入日本，有一說則推測可能是透過南蠻貿易引進的，該學說指出當時的葡萄牙商人積極地將栽種於東南亞的菸草賣來日本。

菸草在當初被包裝成爽喉藥物(抑或萬能神藥)進行兜售。然而，現已證實菸草是危害健康之物。此外，在江戶時代據說曾數度頒布禁止在江戶城內抽菸的禁令。數度頒布即代表人們並未確實遵守這項規定，不過當時尚不知曉菸草對健康的危害，祭出禁令的目的是爲了預防火災。

抽菸的習慣似乎相當難以戒除。其主要原因在於，菸草的尼古丁成分不僅會造成心理依賴性，還具有強大的生理成癮性。就這點來看，菸草可說是非常符合這座禁忌植物園屬性的存在。

一九〇四(明治三十七)年隨著「菸草專賣法」上路，菸草成爲禁止一般民眾栽培的植物，直到一九八五（昭和六十）年放寬專賣制度的管制後，日本菸草產業股份有限公司（ＪＴ）才隨之成立。儘管以菸葉爲原料的「製菸用」菸草只限ＪＴ能栽種，不過以往遭到禁止的菸草屬植物則開放一般民眾種植。也因如此，原產於巴西，原名菸草花，通稱花煙草（翼柄菸草／*Nicotiana alata*）的植物，遂成爲當今日本夏季花圃常見的成員。花煙草在安土桃山時代傳入日本作爲觀賞植物，但因爲「菸草專賣法」的實施，曾經歷過一段無法被栽種的時期。

菸草葉的主成分爲尼古丁，約有百分之二～八的含量。尼古丁爲一種生物鹼，於一八二八年被單獨分離出來，並剛好在百年後的一九二八年完成化學全合成。尼古丁具有獨特的臭味與苦味，亦擁有強力的殺蟲作用，曾被用來消滅蚜蟲等蟲類。

尼古丁會先引起中樞、末梢神經興奮再使其麻痺，產生鎮靜效果。每公斤體重攝取一～四毫克時就會出現中毒症狀，引發強直性痙攣，可能因

菸草【茄科】原產於南美，會開出粉紅色的亮麗花朵。爲香菸的原料。

Nicotiana tabacum

爲呼吸停止與心臟麻痺而致死。一根紙菸據悉約含有十六～二十四毫克的尼古丁，對兒童而言大約一根，對成人而言約超過三根時，其含量便有可能致命。

抽菸所產生的焦油爲「慢性毒」，也就是服用後不會立即喪命，而是以致癌的方式發揮毒性，慢慢侵蝕健康致人於死地。焦油中具有此種毒性的成分爲名叫苯并[a]芘(3,4-Benzopyrene)的化合物。這項化合物在生物體內會轉化爲具有高度致癌性的物質。近年來，尼古丁的致癌機制也已獲得釐清。

原本被視爲有毒的物質，後來洗刷汙名被當作藥物使用的例子所在多有，不過相反的事例卻意外地少。菸草在過去被當作藥物，後來則被視爲毒物，可謂相當罕見的案例。

關於菸草屬植物，有一點想請大家注意。菸草屬中有一種名爲光菸草(日文名爲木立煙草／*N. glauca*)的小型灌木。四～十月時繖形花序上會長出淡黃色的長筒狀花瓣，花謝後會結出帶有宛如小芥子粒般種子的果實，因此也有芥菜種的別名。此植物也隨著專賣制度的管制放寬，於一九八五年後被當作觀賞性植物栽種。其實，芥菜種這個別名的普及或許起了反效果，有些民衆誤以爲此植物是芥子菜（十字花科）同類，而以醬汁浸漬的方式烹調其葉片食用，結果導致中毒。芥菜種（光菸草）乃不折不扣的菸草類植物，含有大量的毒藜鹼（anabasine）這種類似尼古丁的有毒生物鹼，非常危險，應避免食用（參見船山信次《中毒研究》二十七卷一號，二〇一四年）。還請讀者們務必留意。

檳榔樹

Areca catechu【棕櫚科】

隸屬棕櫚科的檳榔樹，通稱檳榔，乃單幹型植物，約有二十公尺高。大家可以看到樹上結滿了纍纍的成熟紅色果實。這是原產於馬來半島的常綠喬木，並被廣泛栽種於熱帶地區。

檳榔樹的成熟乾燥種子稱為檳榔子(areca nut)，中醫則將其用於利尿、潤腸通便、驅蟲的目的。歐洲自十九世紀以來，便將檳榔當作條蟲驅除藥使用。

在東南亞通常會將檳榔子的切片與石灰和阿仙藥拌在一起，再包上胡椒科的荖葉(*Piper betle*)，作爲日常咀嚼嗜好品。嚼食此物時會變得滿嘴通紅，湧現大量唾液，因此在道路上隨處可見到亂吐的紅色口水。印度也有這項習慣，筆者曾於停留德里之際目睹此情景。乍見之下，路面頗似花瓣落滿地，一旦得知實情後，著實不怎麼令人感到舒服。台灣以前則有穿著清涼性感，坐在路口透明櫥窗小店面內，提供「賣檳榔」服務的年輕女性。

檳榔子中含量最高的生物鹼成分爲檳榔鹼(arecoline)。檳榔鹼具有副交感神經興奮作用並會抑制中樞神經，同時亦被證實擁有類似尼古丁的作用。由於會帶來縮小瞳孔與增進腺體分泌的影響，因此嚼食檳榔子時，會促進汗水、唾液和消化液等體液分泌。另外，檳榔鹼製劑也被當成治療青光眼的降眼壓藥使用。

本植物園雖未栽種茶樹(*Camellia sinensis*)，但茶樹樹葉所製成的綠茶與紅茶，具有微弱的成癮性，有些人認爲已可算是輕微版的興奮劑。世上流通最廣的嗜好飲料爲綠茶、紅茶、咖啡與可可，筆者覺得稱它們爲「世界四大飲品」也一點都不爲過。最耐人尋味的是，這些飲料的共通點就是含有咖啡因或類似咖啡因的生物鹼。在美國會看見很多人將含有大量咖啡因的各種飲料當水喝不停。咖啡因除了輕度的成癮性外，還具有毒性，因飲用高濃度咖啡因能量飲料而不幸喪命的消息亦時有所聞。過去還曾出現過量服用市售含咖啡因的營養補充食品尋死的案例。

此外，作用類似咖啡因的生物鹼，可可鹼(theobromine)，在可可與巧克力中的含量特別多。對人類來說這項物質並不會造成什麼問題，但狗與貓代謝可可鹼的能力很低，往往會引發中毒。因此再怎麼疼愛寵物，也絕不能餵食巧克力。

檳榔／【棕櫚科】原產於馬來半島的常綠喬木。乾燥種子爲檳榔子，被用來當作咀嚼性嗜好品。

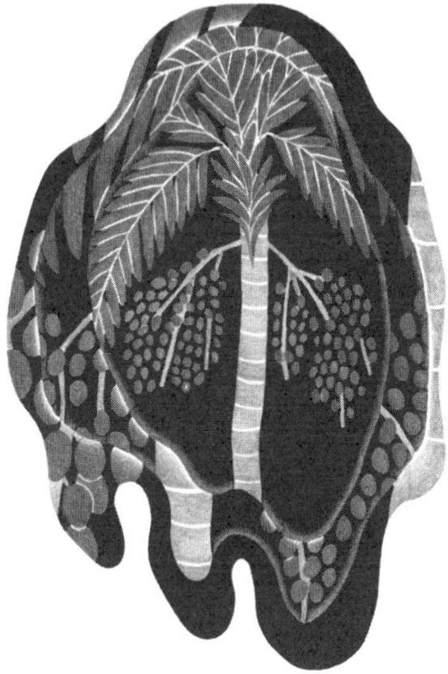

Areca catechu

第二章
祕密藥草田

有些植物在一般認知中被定位爲毒草，另一方面卻具有藥效。本章將針對這類型的植物做介紹。

若要我隨意舉幾個毒草名稱來分享的話，大概就是秋水仙（別名秋番紅）、毛地黃、洋金花、草烏、東莨菪、彼岸花吧。然而，這些「毒草」其實都是「藥草」。

從秋水仙所取得的秋水仙素（colchicine）被用來治療痛風、毛地黃能成爲強心利尿劑，還曾被收錄於日本藥典。此外，從洋金花與東莨菪所取得的阿托平（atropine）除了能放大瞳孔外，還具有各種作用，亦被應用於眼科等治療。

另一方面，草烏的塊根附子與烏頭經過減毒處理後，是中藥配方裡面相當寶貴的生藥藥材；從彼岸花之中所取得的加蘭他敏（galantamine）這種生物鹼，則從二〇一一年起被應用於阿茲海默症的治療。

由此可知，要將植物明確分爲「這是藥草、那是毒草」，就根本上而言是不可能的。換句話說，當我們攝取能發揮某些作用的植物（抑或其所含有的化學成分），並出現符合我們所期待的「結果」時，該植物就會成爲「藥草」；引發我們所不樂見的情況時，就會被判定爲「毒草」。就此實情來看，也就是「藥」與「毒」在根源上乃無法分割的現象，園長稱之爲「藥毒同源」。

這座藥草田不光只有中藥與西藥藥材，還匯集了在歐洲被當作藥草使用，以及被認爲與女巫靈藥有關，尤其充滿神祕色彩的各種植物。當中亦不乏綻放美麗花朵的物種，在在引起園長的興趣。

另外，本章所介紹的顚茄、東莨菪、曼德拉草（風茄）、洋金花等，皆能取得前文所述的阿托平這項共通的生物鹼。其實阿托平生物鹼在植物體內是以(-)-東莨菪鹼的形態存在。(-)-東莨菪鹼在萃取過程中會轉變爲阿托平。因此關於這項化合物，筆者刻意不以「含有」稱之，而是以「取得」來表示。

阿托平在醫療上是無比重要的化合物，除了前文所提到的眼科領域外，還被應用於緩解惡名昭彰的化學武器沙林毒氣，以及用來製作與沙林毒氣化學結構相似的有機磷類農藥的解毒藥。詳情部分會與「顚茄」一併做說明。

接下來，將帶領大家進入我所引以爲傲的藥草田。

打造美瞳效果的眼藥水

顛茄

Atropa belladonna　【茄科】

這裡所栽種的是名叫顛茄的茄科植物。顛茄原生於歐洲，包含紫褐色花瓣在內的全草外型，像極了原生於日本的東莨菪（八十四頁）。

顛茄（*belladonna*）在義大利文為「美麗婦女」之意。從前婦女們會將此植物的萃取液稀釋後點入眼睛，據聞此萃取物所含有的阿托平類生物鹼，具有放大瞳孔的作用，令人看起來更為亮麗有神，因而成為此植物的名稱。然而，沒拿捏好阿托平類生物鹼的使用量時，便有可能導致失明。因此這是斷不能輕易仿效的美容法。

阿托平在醫療上是非常重要的化合物，亦是惡名昭彰的化學武器沙林毒氣，以及與沙林毒氣化學結構相似的有機磷類農藥的解毒藥之一。化學武器沙林毒氣，因被奧姆眞理教用於一九九五年所發動的地鐵沙林毒氣事件而變得家喻戶曉。沙林毒氣會與乙醯膽鹼酯酶結合，這是一種負責分解我們體內神經傳導物質乙醯膽鹼的酵素，並阻礙其作用。如此一來，無法被分解的乙醯膽鹼會逐漸累積，與受體結合不斷傳遞興奮訊號。因此，副交感神經會持續處於興奮狀態，瞳孔會隨之縮小。沙林毒氣的中毒受害者皆異口同聲地表示「視野會變暗」就是源自此緣故。而且，還會造成運動神經興奮，導致肌肉痙攣。

相對於此，阿托平會在乙醯膽鹼結合處(受體)與之結合，令乙醯膽鹼無法發揮作用。因而能應用來製作沙林毒氣的解毒藥。然而，讀者們在看過後續單元所介紹的植物後應該就會明白，阿托平本身卽爲毒性偏強的化合物。因此，針對沙林毒氣抑或有機磷類農藥中毒，主要使用PAM（Pyridine aldoxime methiodide／解磷定）這項藥物進行治療。乙醯膽鹼酯酶會因爲沙林毒氣而鈍化，這款藥物具有剝除沙林等物質的作用，能令酵素再度活性化。

如同前述般，當阿托平與乙醯膽鹼受體結合時，就會阻礙神經傳遞「興奮」訊號。換言之，阿托平具備副交感神經抑制劑的作用。因此才會出現瞳孔放大等效應。阿托平以及阿托平類的藥品，目前主要用於眼科以期達到散瞳的目的。另一方面，阿托平亦具有減緩腸胃道緊張、抑制蠕動的作用，因此，含有阿托平類生物鹼的植物萃取液安全劑量，也被用於腸胃藥配方中。

此外，阿托平類生物鹼的藥用量若控制在一毫克以下的範圍內時，幾乎不會出現任何中樞神經系統作用，但大量投藥時，該成分會通過血腦屏障，引起大腦尤其是運動區的興奮，導致當事人陷入精神亢奮、幻覺、錯

顛茄【茄科】會綻放紫褐色花朵。從前婦女們會將此植物的萃取液稀釋後點入眼睛，令瞳孔放大，看起來更爲亮麗有神。

Atropa belladonna

亂、狂躁狀態。

據說在葡萄牙將顛茄稱之爲「盧到必累(Ludo bile／瘋草之意)」。此外，在日本則將同樣能取得阿托平類生物鹼的洋金花稱爲「瘋茄兒」。而且下一篇所介紹的「東莨菪」(日文名爲走野老，意指狂奔)這種植物亦原生於日本。這些名稱皆源自吃下這些植物的人，因阿托平類生物鹼的作用而出現精神錯亂的情況才如此命名的。

過於亢奮而跑個不停

東莨菪

Scopolia japonica　【茄科】

能取得阿托平類生物鹼的植物中，最廣為人知的日本原生種為東莨菪。它生長於略帶溼氣的地表有機層，會開出與上一篇所介紹的顛茄（七十八頁）極為相似的沉穩色調花朵。

東莨菪的日文名為走野老（hashiridokoro），取自吃下此植物後會產生幻覺而「跑個不停」的現象，這亦間接說明了東莨菪的阿托平類生物鹼所引發的中樞神經系統作用。另外，日文名中的「dokoro」意指根部。東莨菪一般被認爲是毒草，但也是能取得阿托平等有用物質的藥用植物。如同先前所述，阿托平除了能用來作爲沙林毒氣的解毒劑外，還能抑制腸胃的平滑肌異常收縮，因此其根部（東莨菪根）亦被當成鎮痙藥使用。近緣種天仙子（菲沃斯／*Hyoscyamus niger*）與中國莨菪（支那菲沃斯／*H. niger var. chinensis*）等也被用於同樣的目的。此外，莨菪根（Scopolia Rhizome）原本是指中國莨菪根，東莨菪爲其代用品。

日本也曾發生將東莨菪芽錯認爲蜂斗菜芽而誤食的中毒事件。一九八四年，一名東京家庭主婦誤將東莨菪芽當作蜂斗菜芽烹煮食用，結果導致七人中毒。誤食東莨菪時，會因爲阿托平與東莨菪鹼（scopolamine）的作用，在一～二小後時出現嘔吐、痙攣、錯亂、幻覺、昏睡等症狀。這些生物鹼不會因爲加熱處理而分解，亦有中毒致死的案例，因此請務必多加留意。

江戶時代的植物學是從探究藥用之物的本草學發展而來的，並對後來的日本植物學帶來莫大的影響。換句話說，這門學問原本是出自對藥草研究的必要性而從本草學發展出來，最終蛻變爲以研究植物爲主體的植物學。由於日本在江戶時代奉行鎖國政策，因此有關西洋的科學資訊只能透過任職於長崎出島的荷蘭商館科學家取得。探討江戶時代的植物學，就必須提到來自海外的三名駐日研究人員。他們分別是十七世紀赴日的肯普弗、十八世紀赴日的通貝里，以及十九世紀赴日的西博德。

肯普弗(E.Kämpfer／一六五一－一七一六)是在一六九〇至九二年間來到日本的。他研究日本的植物，並爲許多物種取學名。此外，他還以德文寫下《日本誌》一書。這份手稿後來被英國人買下，於一七二七年發行英文版。

另一方面，通貝里(或譯桑柏格／C. P. Thunberg／一七四三－一八二八)，於一七七五至七六年間駐日，後來在一七八四年推出《日本植物誌》一書。通貝里爲提倡「二名法」而聲名遠播的林奈(C. von Linné／一七〇七－七八)嫡傳弟子。通貝里林奈根據通貝里在日本所發現並送回母國的植物標本爲各種植物命名，因此有許多日本產的植物學名皆冠上命名者林奈之名。這些植物學名末尾所記載的L.正代表命名者爲林奈。

第三位西博德(P. F. von Siebold／一七九六－一八六六)則於一八二三年赴日，

東莨菪【茄科】生長於略帶溼氣的地表有機層。日文名爲走野老，取自吃下此植物後會產生幻覺導致「跑個不停」的現象。

Scopolia japonica

歷經稍後會提到的西博德事件，在日本停留至一八二九年。西博德回國後，彙整了在日本的研究，從一八三二年起陸續推出了集大成的全七卷之作《日本 NIPPON》。此外，一八三五至四一年則出版了德國著名植物學家楚卡里尼（J. G. von Zuccarini／一七九六－一八四八）所編著的《日本植物誌 Flora Japonica》第一卷，一八四二年至四四年，接著發行了西博德與楚卡里尼共同編著的第二卷。在西博德新發現的植物中，與楚卡里尼共同命名的項目甚多，這些植物的學名命名者皆標示為Sieb. et Zucc.。

上述三人於駐留長崎出島的這段期間，皆分別謁見過當時的將軍，也各自寫下動身前往江戶的旅行紀錄。肯普弗的《江戶參府旅行日記》（平凡社，一九七七年）、通貝里的《江戶參府隨行記》（平凡社，一九九四年），以及西博德（當時作者名被譯為吉博德）的《江戶參府紀行》（平凡社，一九六七年）皆被彙整出版成冊。

最饒富興味的是，此三人以荷蘭使節醫官身分赴日，派駐於長崎出島，但三人皆是冒牌的假荷蘭人。實際上，肯普弗與西博德為德國人，通貝里則是瑞典人。

在此三人中，眼科醫師土生玄碩（一七六八—一八五四）曾在江戶時代末期的一八二六年，拜訪做客江戶的西博德，因聽聞西博德持有散瞳藥（前述的顚茄），而求其惠賜。西博德爽快應允，土生遂得以將顚茄應用於眼科手術，而且患者瞳孔果眞如傳言般放大。當顚茄用罄後，他再度懇求西博德協助，並將自身所擁有的葵紋禮服（將軍所賜）贈與西博德。

西博德表示自己手邊的藥量也所剩無幾，無法再次讓渡，並告知土生「日本也有同樣的植物」，殊不知那卻是東莨菪。其實，西博德之前曾看過尾張本草學者水谷豐文（一七七九—一八三三）所提出的東莨菪寫生圖，並一眼認定爲顚茄。研判水谷所出示的應爲右下角之圖，畫上亦蓋有其印章。兩相比較便能明白，東莨菪如同先前所述，與顚茄的外觀極爲相似，而且兩者都會開出色調沉穩的紫褐色花朵。

一八二八年，在西博德歸國之際，原本預定搭乘停泊於長崎港口的荷蘭船科內利斯．豪特曼號，但船隻遭颱風襲擊而擱淺並受到極大的破壞。遇此情況時，觸礁船隻便必須接受臨檢。因此，西博德的行李遂被送上岸以供官員檢查。結果，在其行李中起出土生所贈之葵紋禮服，以及天文學者高橋景保（一七八五—一八二九）所贈之「大日本沿海輿地全圖（伊能忠敬作）」複製圖。這兩項物品在當時皆是國法所列之違禁品，茲事體大，土生與高橋因而遭到拘捕，後者甚至命喪牢獄。不只如此，死於獄中的高橋接著被判死罪，遺體遭到鹽漬並被斬首分屍。土生則被貶爲庶人。最後，包含西博德的門人在內總計五十多人因被問罪而服刑。而且西博德本人也被下令驅

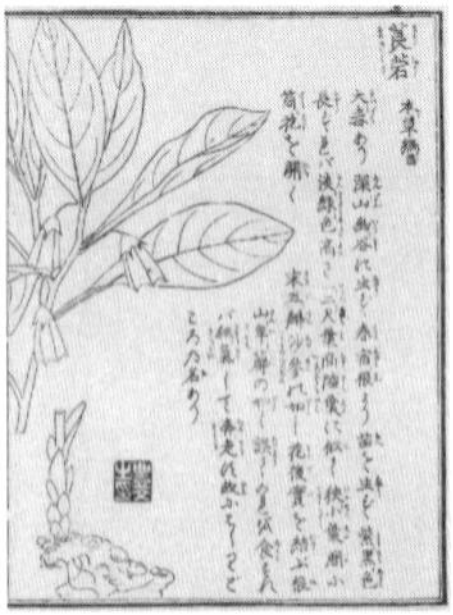

水谷豐文所繪之東莨菪（清原重巨『有毒草木圖說2卷』片野東四郎等著，1827年）

逐出境、禁止再入國，並於翌年離開長崎。

這就是人稱「西博德事件」的梗概。也就是說，西博德事件背後其實與顚茄和東莨菪有關。

此外，有一說指出，造成西博德必須接受官員臨檢行李的原因並非颱風，而是眞實身分疑爲幕府細作（間諜）的間宮林藏（一七七五－一八四四）告密所引發的。

出現在聖女貞德審判案的藥草

曼德拉草

Mandragora officinarum【茄科】

曼德拉草還擁有風茄等名稱，會開出相當美麗的紫色花朵。而且，其根部會大幅膨脹。我這就把就根部拔起來讓大家看個仔細。這個根部的形狀造就了曼德拉草的傳說。

根據傳說，曼德拉草的根部外觀呈人形，將其從地面拔起時，它會發出巨大的喊叫聲，聽到叫聲之人會隨之喪命等等。因此，要拔曼德拉草時必須將之與狗綁在一起，接著遠離現場摀住耳朵喚狗前來。狗會開心地跑向呼喚者，曼德拉草便順勢被連根拔起，但狗會當場斃命。所以，相傳販售曼德拉草時爲了強調貨眞價實，賣家會掛上狗屍以資證明。

然而，這個故事其實有點不合理呢。只要綁上一條距離夠長的繩子，再摀住耳朵拉繩，不必害狗白白喪命，應該也能拔起曼德拉草。

從前出書時一位很照顧我的編輯，曾親手拔下自家栽種的曼德拉草來給我。幸好，無論是那位編輯，還是方才拔起曼德拉草根的我，皆平安無

女巫
（Augustus Montague Summers, The History of Witchcraft and Demonology, Kegan Paul, Trench, Tübner&Co., 1926年）

事未因此葬送性命。

中世紀的歐洲，被稱爲煉金術師的人們大行其道。而且，女巫出沒的傳聞甚囂塵上，許多使用藥草的人紛紛被冠上女巫的嫌疑並慘遭殺害。現已得知能取得阿托平類生物鹼的曼德拉草，在當時尤其首當其衝，經常被拿來與女巫相提並論。此植物亦曾出現於「哈利波特」系列小說。

此外，與曼德拉草相關的知名事件還有，在尚未出現女巫概念的時代，聖女貞德（Joan of Arc／法文爲Jeanne d'Arc／約一四一二—三一）受到莫須有的指控，而面臨宗教審判，卻遭誣陷在戰場上奮勇殺敵的原動力是來自「曼德拉草的靈力」。當時的審判紀錄寫道《被告貞德慣於將曼德拉草根藏於懷中，藉此祈求在金錢與俗事上獲得好運。被告亦承認此曼德拉草具有這樣的效能》（高山一彥編・譯『聖女貞德處刑審判』一九七一年，一七七頁）。

曼德拉草【茄科】根部會大幅度膨脹，外觀呈人形。根據傳說，被連根拔起時會發出喊叫聲，聽到此叫聲者便會隨之喪命。

Mandragora officinarum

後來，在女巫概念問世的時代所出現的女巫傳說，大多與含有阿托平類生物鹼的植物，亦即曼德拉草或顛茄的作用有關。大量服用阿托平類生物鹼時會出現幻聽或失憶等精神行爲症狀。

其實，只要注意到阿托平與稍早在拱廊解說過的古柯鹼，在化學結構上有相似之處，以及阿托平的部分化學結構與神經傳導物質乙醯膽鹼重

奧爾良圍攻戰時的聖女貞德
（J. E. Lenepveu, *Joan of Arc at the Siege of Orléans*, 1886-1890年）

疊，應該就能以此類推到這些化合物會產生何種作用。

犧牲了母親與妻子的全身麻醉藥實驗

洋金花

Datura metel【茄科】

洋金花原產地爲熱帶亞洲，不過日本亦有歸化種，在日常環境中，就能看到這個辨識度很高的白色大花。我想有些讀者應該曾在路邊等處見過其身影吧。

江戶時代末期的醫師，華岡青洲（一七六〇－一八三五）在京都遊學結束後，於一七八五年在故鄉紀伊（現在的和歌山縣）開業行醫。同時亦持續採集藥用植物與進行動物實驗，約莫長達二十年。其實，華岡一心想效法活躍於後漢末至三國時代魏國初期的華佗（亦作華陀／生卒年不詳）所創製的麻沸散，盼能自行研發出麻醉藥以應用於外科手術上。

華佗是古代中國醫師，相傳他自創麻沸散，用來為三國志的英雄人物關羽全身麻醉，以便進行手術醫治其箭傷。後來，麻沸散的處方下落不明，有一說認為應該是以大麻入藥。從這項傳說獲得啟發的華岡青洲，心心念念想創製出能應用於外科手術的全身麻醉藥。

洋金花又稱為曼陀羅華。華岡青洲以曼陀羅華調配出藥方，反覆經過動物實驗，調整配方，對藥效具有一定程度的確信後，接著對妻子加惠與生母於繼進行人體實驗，完成了全身麻醉藥「通仙散」的研發。這款麻醉藥其實是以洋金花這個眾所周知的毒草作為主成分。最終，此藥物的人體實驗副作用，導致加惠失明，於繼性命不保。

歷經這個若在現代一定會遭到痛批的悲慘人體實驗後，華岡於一八〇四（文化元）年，成功完成世界首例使用通仙散進行的外科手術，亦即乳岩（乳癌）切除術。有吉佐和子的小說《華岡青洲之妻》（新潮文庫），便以加惠和於繼婆媳間的衝突爲中心，詳細描寫這整件事的來龍去脈。另外，小說中記載此外科手術於一八〇五（文化二）年進行，但正確資訊爲前一年的一八〇四年。

另一方面，回顧世界麻醉藥的歷史，歐美研發出笑氣（一八四四年）、醚（一八四六年）、三氯甲烷（一八四七年）並用於全身麻醉的時間，比華岡青洲創製麻醉藥晚了將近半世紀之久。

通仙散亦搭配了劇毒草烏頭（烏頭屬植物的塊根）成分，主藥方則是先前所述的洋金花，相傳華岡青洲爲了調整洋金花的添加量而煞費苦心。然而，華岡乃保密到家之人，未留下有關通仙散成分的紀錄，究竟是使用洋金花的哪個部分（花、葉、果實或根）至今依然不明。相傳華岡所使用的生藥爲曼陀羅華（花），因此有些看法認爲華岡是使用花的部分來入藥，但筆者覺得這樣的認知並不見得正確。

實際上，華岡青洲的嫡傳弟子佐藤玄達（一七九二—一八五九）所留下的藥箱，現收藏於岩手縣的一關博物館，園長曾親眼確認藥箱中寫著「曼陀羅實」的紙張所包覆的植物片，並確信那的確是洋金花類果實的切片。這或許無法成爲決定性證據，不過我推測，當時極有可能是將洋金花的生果實切碎，經乾燥後再調製成通仙散。

洋金花類的果實在全生的狀態下能刻畫出細小的骰子點，但一經乾燥後會變得極爲堅硬，難以刀切處理，這點我亦加以確認過。無論如何，通仙散的作用與洋金花全草所含有的阿托平類生物鹼有關，這點應該錯不了。

有毒植物洋金花一族的根部外觀，與我們所熟悉的蔬菜牛蒡極爲相似。因此，誤將洋金花類的根當成牛蒡炒來吃而中毒的案例亦時有所聞。這是由阿托平類生物鹼所引起的中毒，食用後會出現譫妄、幻聽、頭痛、暈眩等症狀。此外，據說就算身體康復了，也想不起即將中毒前與中毒時的完整記憶。所以，洋金花在日本的別名才會被稱爲「瘋茄兒」。

二〇〇六年五月，沖繩縣衛生環境研究所發表報告，指出沖繩縣內有民衆食用茄子這道菜蔬，卻發生類似阿托平類生物鹼的食物中毒現象。患者爲五十幾歲夫婦，起初是太太出現步履蹣跚、口齒不清，以及胡言亂語等症狀，接著丈夫亦發生相同的症狀。據聞這對夫妻分別在發病三小時前吃下以自家種植的茄子入菜的番茄肉醬義大利麵，因而洽詢該研究所是否爲茄子所引起的中毒。

這起中毒事件的原因著實令人上了一課。其實這個自家栽種的茄子，是從洋金花類植物嫁接而來的。而且，檢驗分析剩餘的番茄肉醬與患者血清後，確實驗出洋金花的有毒成分，亦卽阿托平與東莨菪鹼。從這起意外方才得知，嫁接自洋金花類的茄子，也會累積洋金花的有毒生物鹼成分（「衛環研新聞」第十三號，二〇〇六年十二月，沖繩縣衛生環境研究所發行）。研判這應該是日本第一起因嫁接所引起的中毒事件，因此事件始末亦刊登於學會期刊（大城直雅、國吉和昌、中村章弘、新城安哲、玉那霸康二、稻福恭雄「食品衛生學雜誌」四十九卷五號，二〇〇八年，三七六－三七九頁）以供大眾參考。

洋金花【茄科】原產於熱帶亞洲，會開出碩大的白色花朵。全球第一款全身麻醉藥就是透過這個植物所創製而成的。

Datura metel

附帶一提，洋金花必須在溫度足夠的環境下才能發芽與成長，因此在日本東北地方須於溫室內進行播種與育苗。相對於此，與洋金花外型相似，原產於南非，亦被稱爲美國洋金花的毛曼陀羅（*Datura inoxia*），則相當耐冷，筆者還曾在青森市內見過此植物生長於路邊的景象。其花瓣前端沒有細長的尖銳部分、整體果實具有棘刺，以及最大的特徵，葉片與莖部皆有絨毛，都能用來與洋金花作區別。

洋金花的近緣種，除了上述的毛曼陀羅外，還有原產於熱帶美洲的歐曼陀羅（*D. stramonium*）、以及又被稱爲木曼陀羅(Angel's trumpets)的巴西原產大花曼陀羅（*Brugmansia suaveolens*），這些植物皆能取得與洋金花相同的生物鹼類。

毛地黃

Digitalis purpurea【車前草科】

春季花開燦爛的花圃中央，可見到一位莖部筆直延伸，綻放著成串吊鐘形美麗花朵，相當搶眼的嬌客。它就是毛地黃。粉紅、紫紅、白色等繽紛花朵實在美不勝收。相傳這種植物是在江戶時代傳入日本的。由於花朵形狀的緣故，在日本還擁有「狐狸手套」這個有點俏皮的別名。除了此處所種植的毛地黃外，還有名爲長葉毛地黃(*Digitalis lanata*)的近緣種，會開出黃色與咖啡色系的花朵。

毛地黃是分布於歐洲、中亞、北非的植物。葉片含有毒性強烈的毛地黃毒苷（*digitoxin*）等強心類固醇，會產生心臟毒性。不慎誤食時會出現腸胃不適、嘔吐、腹瀉、心律不整、頭痛、暈眩等症狀。重症化時會引起心臟麻痺，嚴重時甚至可能致命。

毛地黃的毒草形象深植人心，在過去也曾是「女巫的藥草」陣容之一。對藥草知之甚詳被稱爲女巫的人們，將毛地黃當成利尿劑使用。這卽是所謂的強心利尿劑，藉由心臟強力收縮，來將累積於體內的水分排出。以科學方式研究這項作用的是名叫維瑟寧（William Withering／一七四一―一九九）的學者。或許是因爲彼時不比現在，能用來發表研究成果的學術期刊尚未普及的緣故，他便將研究成果寫成單行本出版。這項研究在現在則被稱爲實驗藥理學的嚆矢。毛地黃在這之後遂在臨床醫療上被當作強心利尿藥應用。

事實上，日本直到一九三二年所頒布的「日本藥典改訂第五版」，仍明文記載毛地黃爲強心利尿藥。然而，此生藥每批藥品的效價，也就是藥效強度不一，必須先確認效價後才能使用，不甚方便，因此現在已從日本藥典中刪除。話說回來，像毛地黃這種強心配醣體類的藥物，卽爲一般所稱的心臟毒，不是外行人能輕易使用之物。

另外，容易與毛地黃混淆的植物還有紫草科的聚合草（日文名爲鰭玻璃草／*Symohytum officinale*）。聚合草在一九六〇年代被稱爲「健康蔬菜」，備受吹捧，但後來發現含有肝毒性的吡咯里西啶類（pyrrolizidine）生物鹼，現在日本厚生省則宣導民衆不可加以食用。

由此可知，聚合草是應避免食用的植物，而吃下與其葉片相似的毛地黃時，後果更是不堪設想。一不小心就有可能卽刻喪命。兩者的葉片雖極爲相像，觸感卻截然不同。聚合草質地相當粗糙，相對於此，毛地黃的觸感宛如天鵝絨般，柔軟有彈性。常言道「百聞不如一見」，不過在這裡應說是「百見不如一摸」才對。

常見於我們的日常生活中，含有強心配醣體的植物，除了本篇所述的

地黃【車前草科】分布於歐洲、中亞、北非，於江戶時代傳入日本。葉片含有強烈的心臟毒。

Digitalis purpurea

毛地黃外，還有萬年青、鈴蘭、夾竹桃、福壽草等。這些植物會在後續篇章進行介紹。

萬年青

Rhodea japonica【天門冬科】

萬年青是原生於日本關東以西至九州溫暖地帶的天門冬科植物。本園將它種在田地裡，不過一般大多以盆栽方式種植。萬年青的葉子四季翠綠，一整年都能觀賞，因此在園藝界是很有人氣的植物。自室町時代開始，萬年青便被當作盆栽賞玩。

萬年青與菊花、玉蟬花、松葉蕨、牽牛花、牡丹花等自古以來享有高人氣的植物，在日本被統稱爲「古典園藝植物」。此外，古典園藝植物所囊括的植物範圍甚廣，有的不將木本植物列入，有的則包含木本類的南天竹、草珊瑚與硃砂根等植物。萬年青在元祿時代發展出許多園藝品種，珍貴品種甚至能喊出天價。有鑑於過去這種可謂異常的買賣交易，將萬年青稱之爲禁忌植物或許也不爲過。

如今，菊花、牽牛花與牡丹花已是衆所周知的園藝植物，但它們原被視爲藥用植物，在奈良時代末期至平安時代初期，經由遣唐使從唐朝帶回日本。菊花所釀成的菊花酒被認爲具有長生不老的藥效、牡丹根皮咸信具有促進血液循環的功用、牡丹皮則主要被用於婦科類的中藥配方。牽牛花在江戶時代不斷經過品種改良，開發出各式各樣的品種，不過原本是作爲藥用植物而引進日本的。其種子的生藥名爲牽牛子，能作瀉藥使用，至今依然收錄於「日本藥典」裡。然而，或許是因爲服用牽牛子會伴隨著強烈腹痛的緣故，目前已鮮少爲人所用。關於牽牛花的認知，現在或許比較偏向「種子含有毒成分，會引起腹痛的植物」。

野生而且大量存在，或經由人工栽培易於繁殖乃成爲藥用植物的必備條件。滿足此條件的野生植物有魚腥草、童氏老鸛草、車前草、野葛等等，這些皆被當成日本民間偏方與漢方處方用藥使用。另一方面，園藝(栽培)植物中，被應用於藥用領域的則有，秋水仙、梅花、桔梗、梔子、番紅花、毛地黃、長春花、桃花等等。很多植物不只能供人欣賞嬌艷美麗的花朵，還能作爲藥物發揮功效。園藝植物與藥用植物的共通性，也很值得細細探究與體會。

話說回來，乾燥後的萬年青在從前被視爲具有強心與利尿作用。聽聞此消息的某對老夫婦，誤以爲強心作用是能讓心臟變強健，遂將萬年青熬煮服用，結果卻引發中毒。

請注意強心作用這個用語。強心作用是指增強心臟收縮力，而非促進心臟強健。萬年青便具有此作用，也就是含有強心配醣體萬年青苷(rhodexin)這項化合物。萬年青所引起的中毒症狀爲嘔吐、頭痛，心律不

萬年青【天門冬科】自室町時代起，便被當作盆栽觀賞的園藝植物。含有強心作用的萬年青苷。

Rhodea japonica

整、血壓下降等，呼吸會變得急促，接著出現麻痺情況，全身痙攣，有時甚至會導致心跳停止。因此，萬年青並非一般人能隨便使用之物。在理解強心作用意義的同時，還請小心注意，勿擅作他用。

第三章 死之長廊

當我們看見漂亮迷人的花朵，覺得美不勝收的瞬間，自然就會感到心神平靜。此時所見的植物，對我們而言儼然就是心靈妙藥。

另一方面，如同「美麗的花有毒」這句話所言般，現實也往往的確如此。會綻放亮麗花朵的植物，內含有毒成分的比例甚高。

常見的這類型植物爲繡球花、孤挺花、秋水仙（秋番紅）、萬年青、卡羅萊納茉莉、夾竹桃、嘉蘭（車百合）、毛地黃、水仙、鈴蘭、洋金花、草烏、彼岸花、福壽草、顛茄、蓮華杜鵑等等。如果我們網羅上述這些植物加以栽植，美則美矣，不過無異會成爲一座「毒花園」。

比方說，本章所介紹的卡羅萊納茉莉，在春天時會開出大量的黃色俏麗花朵，香氣芬芳，但它與製成茉莉花茶的茉莉花是全然不同種類的植物，全草含有劇毒生物鹼。實際上也曾發生過誤將卡羅萊納茉莉當成茉莉花一族，將其葉片作爲茶品飲用而中毒的案例，還請多加小心。另外，嘉蘭的根部形狀與野山藥極爲相似，曾有民衆將其錯認爲野山藥，磨成泥食用而中毒。嘉蘭根與秋水仙同樣含有秋水仙素這種生物鹼，因此是有毒的。

原生於日本的植物中亦不乏帶有劇毒的物種。最具代表性的應屬草烏、馬桑、毒芹與白藜蘆吧。

日本在奈良時代，於七五七年所頒布的「養老律令」將草烏的塊根（烏頭與附子）列爲四毒（鴆毒、治葛、烏頭、附子）之一，此律令亦記載了使用這些毒物時的刑罰。由此可知，草烏是日本自古以來廣爲人知的毒草。含有劇毒的草烏不但生長於日本各地，而且花朵美麗，也常被種來觀賞，可能也因此緣故，很常與殺人事件扯上邊。

除了基於仇恨的毒殺外，在生命保險制度問世的現代，爲了謀取保險金而下毒殺人的事件亦時有所聞。近年來最令人記憶猶新的就是一九八六年的沖繩草烏保險金謀殺案，以及二〇〇〇年發生於琦玉縣桶川市的保險金殺人案。前者在烏頭鹼中加入河豚毒素，藉此延緩草烏的毒性發作，兇手的新婚妻子因此命喪黃泉。後者則是被迫假結婚的男性遭設計吃下摻有草烏的紅豆麵包而身亡。

本章從內含有毒成分的知名植物中，針對尤其帶有致命恐怖毒素的植物做介紹。各個都可說是符合「禁忌植物園」評選資格的住客。

卡羅萊納茉莉

Gelsemium sempervirens【鉤吻科】

大家現在所看到的開著美麗黃花的植物，名叫卡羅萊納茉莉，原產於北美南部至中美洲，近年來日本花店也有販售這款盆栽。它會在春季至初夏開出大量甜美芳香的花朵，是很有人氣的園藝植物。屬於常綠藤本植物的卡羅萊納茉莉，在本植物園的這座長廊入口也可見到它纏繞著拱門的身影。它與下一篇所介紹的鉤吻同屬於鉤吻屬，花朵外型也極爲相似。而且兩者同樣含有毒生物鹼，因此千萬不能掉以輕心。

卡羅萊納茉莉這個名稱，可能會令人誤解成可作爲茉莉花茶或香水原料的茉莉花，但清甜的花香乃兩者唯一相似的部分，本質上是全然迥異的植物。實際上亦曾發生過將卡羅萊納茉莉的葉子泡茶飲用而中毒的事例，在此呼籲讀者們切勿將兩者混淆。

此外，其他名爲「～茉莉」的還有，馬達加斯加茉莉（非洲茉莉／*Stephanotis floribunda*）這種也被用來製作捧花的植物，隸屬夾竹桃科，與茉莉花茶的原料植物其實毫無關聯。這種植物亦含有毒成分，會刺激中樞神經，產生心臟衰竭、痙攣、肌肉麻痺等作用，務必小心留意。換句話說，能當茶飲用的是木犀科的茉莉花（*Jasminum sambac*）與粉紅茉莉（多花素馨／*J. polyanthum*）。鉤吻科的卡羅萊納茉莉，以及夾竹桃科的馬達加斯加茉莉都不能作爲茶品飲用。

沉睡於正倉院謎團重重的毒草

鉤吻

Gelsemium elegans【鉤吻科】

鉤吻並未生長於日本，是原產於中國南部至東南亞的鉤吻科植物。會開出與上一篇所述的卡羅萊納茉莉相似的黃色花朵。鉤吻與卡羅萊納茉莉爲同一屬，皆含有毒生物鹼。其實這個植物至今尚未有日文名，長久以來對日本人而言是相當陌生的物種，但意想不到的是，鉤吻根居然遠自奈良時代便已傳入日本。

奈良的東大寺正倉院因典藏五弦琵琶等各式各樣的寶物而馳名，這裡

鉤吻【鉤吻科】分布於中國南部至東南亞。是記載於東大寺正倉院種種藥帳的毒草。

卡羅萊納茉莉【鉤吻科】會在春季至初夏開出香甜黃色花朵的常綠藤本植物，含有毒生物鹼。

Gelsemium sempervirens　*Gelsemium elegans*

也收藏了後來被稱爲「正倉院藥物」的各種藥物。西元七五六年（天平勝寶八歲）六月二十一日曾針對其中六十種留下紀錄，並取名爲「種種藥帳」。這份紀錄的末尾提到「治葛」這項生藥，當時只知這是某種植物的根，但究竟是何種植物，卻成了長期未解之謎。

一九九八年（平成十年），時任千葉大學教授的相見則郎先生，從留存於正倉院的治葛中，取出二點八公克進行精製，成功萃取出四種微量的純生物鹼。接著證實四種皆爲鉤吻類的生物鹼，而同時含有這四項生物鹼的植物只有鉤吻，從而破解了生藥成分之謎，原來是從鉤吻根所調製而成的。如同先前所述，鉤吻的原產地爲橫跨中國南部的東南亞。鉤吻根所調製而成的生藥（治葛），研判是由七五二年被派往中國，並於七五四年隨著鑑眞和尚返回奈良都城的遣唐使一行人從唐朝所帶回來的。

鉤吻全草含有鉤吻鹼（gelsemine）等有毒生物鹼，近幾年亦曾傳出使用此植物下毒的殺人事件。比方說，發生於二〇一二年十二月二十三日的中國廣東省陽春市的謀殺案。地方政府高官黃光用計讓廣東省人民代表大會代表龍利源吃下摻有此植物的貓肉火鍋，將其毒死。據悉黃光和龍利源一起吃貓肉火鍋時，偷偷將鉤吻放入鍋內進行毒殺。其實黃嫌擅自花光了龍代表的資金，二人鬧得很不愉快。龍利源發現火鍋的味道有異，當場發難但隨即倒地不起，雖送至醫院搶救卻依舊不治。此外，據說吃貓肉在陽春市是很常見的飲食習慣。

這種植物在中國又被稱爲「斷腸草」。中毒者會受到激烈腹痛襲擊，腸子發黑腫脹繼而喪命，故得此名。

據悉種種藥帳所記載的治葛部分與七〇一年所制定的「大寶律令」內容幾乎完全相同。七五七年所頒布的「養老律令」則將其列爲四毒「鴆毒、治葛、烏頭、附子」之一，但直到此研究完成前，治葛的眞面目一直是個謎。而且，據說保存於正倉院的「治葛」是全球唯一一例以鉤吻作爲藥材的生藥。

附帶一提，「種種藥帳」記載當時共有三十二斤(約七．一四公斤)的治葛被進獻，但在進獻一百年後的八五六年進行通風日曬之際，竟然銳減到只剩六〇七公克。在這百年間約莫失去了六．五三公斤含有劇毒的治葛，不禁令人好奇究竟是用到哪去了。

據園長推測（或可稱爲妄想），治葛被進獻至正倉院的翌年，也就是七五七年發生了「橘奈良麻呂之亂」，相傳包含流刑在內，總計有四百四十三人受到懲處。雖未留下究竟有多少人被判死罪的資料傳世，但被視爲主謀的黃文王、道祖王、大伴古麻呂、小野東人、加茂角足等人，遭嚴刑拷打後

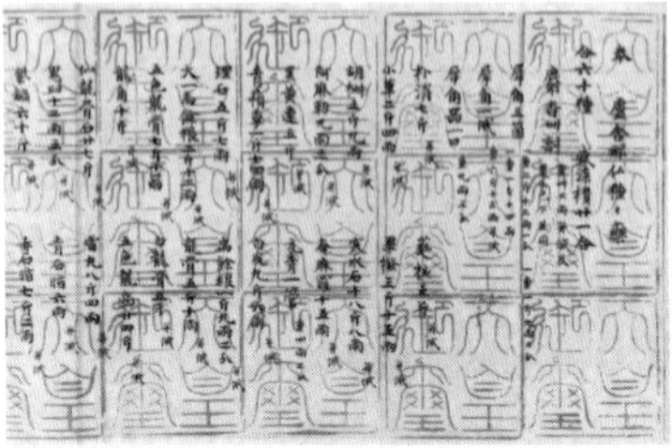

「種種藥帳」開頭部分
（取自朝比奈泰彥編《正倉院藥物》植物文獻刊行會，1955年，附加資料）

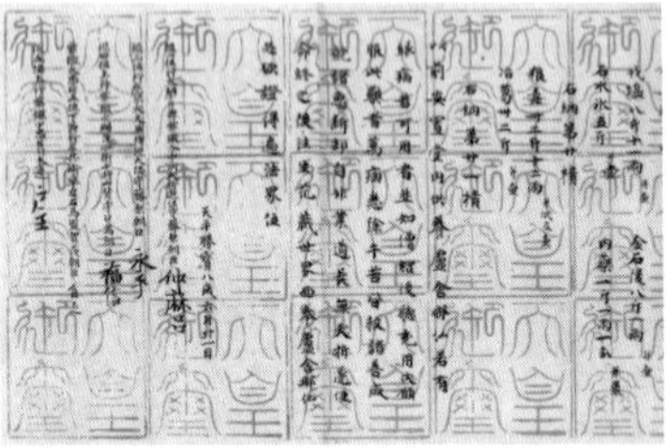

「種種藥帳」末尾部分
（從畫面右邊數來第五行寫有「治葛三二斤」等字）

死於獄中（相傳橘奈良麻呂應該也是命喪牢獄，但因諸多考量而從紀錄中刪除），因此被判死罪者至少超過一百人吧。園長懷疑，執行死刑時可能使用了大量的治葛來讓這些人伏法（詳見船山信次《毒物改變了天平時代－藤原氏與輝夜姬之謎》原書房，二〇二一年，一八二頁）。若非如此，應該沒有其他用途可以消耗如此大量的毒物。然而，眞相早已埋沒於黑暗裡。

只須一克即足以致命的死亡頭巾

草烏

*Aconitum carmichaeli*ほか　【毛茛科】

時序進入秋天，草烏綻放著色彩鮮艷的紫色花朵。花的外型十分特別，相當搶眼。草烏爲毛茛科烏頭屬植物的總稱。草烏類自古以來就是衆所周知的代表性毒草，全草含有毒成分。會開出如此美麗花朵的植物居然藏有劇毒，著實令人難以想像。

草烏的日文名爲「烏兜」，由於花朵形狀像極了舞樂演奏者與舞者所配戴的鳳凰造型頭冠「烏兜」，因而以此命名。在歐洲則將草烏類稱之爲「修士頭巾(monk's hood)」，此名稱也是根據花朵形狀而來。

本園所種植的草烏會開出紫花，不過有些草烏類植物會綻放黃色或白色花朵。草烏族群由日本橫跨歐亞大陸，遍及歐洲，廣爲分布。換言之，亞洲至歐洲文化圈的大部分地區，皆有烏頭屬植物生存，種類繁多，據悉至少有五百種。日本也有各種土生土長的草烏類，在園長的故鄉東北地方，名爲奧烏兜(*Aconitum japonicum subsp. Subcuneatum*)的物種特別多，在目前已知的種類中，據聞此乃全球毒性第二強的草烏。

另一方面，能用於漢方的生藥原料物種，並未生長於日本，大多透過人工栽培原產於中國的唐烏兜(*A. carmichaeli*)。唐烏兜與奧烏兜的開花方式截然不同，因此相當容易區分。

草烏的子根在漢方中被稱爲附子，母根則稱爲烏頭，是很重要的生藥成分。當今配有附子的處方濃縮製劑中，最爲人所熟知的是八味地黃丸。只不過，要將草烏根作爲藥物使用時，必須經過加熱等方式進行減毒處理乃現在最普遍的做法，因此外行人絕對不能輕易使用野生草烏。草烏根所含有的主要有毒生物鹼爲烏頭鹼(aconitine)，會引起呼吸困難與心肌梗塞，是日本產植物中名列前茅的劇毒。另外，據說在印度將草烏毒稱之爲「vish」，日文所用的附子(bushi)一詞語源說不定就是來自於此。

話說，某天筆者在某五金百貨賣場看到待售的草烏苗，說明牌上寫著「草烏只有根部有毒」，當場感到不寒而慄。這完全是錯誤資訊，因爲草烏全草皆有毒。尤其是在初春時，將草烏嫩芽誤認爲是野菜類的翠雀葉蟹甲草(日文名爲紅葉笠／*Japonicalia delphiniifolia*)而摘採食用的中毒案例特別多。除此之外，草烏的嫩葉與民間偏方中被用來當作整腸劑而聞名的童氏老鸛草（*Geranium thunbergii*）的葉子十分相似，這點也請務必多加留意。

同爲毛茛科被當成野菜食用的鵝掌草（*Anemone flaccida*）葉，亦肖似草烏葉，一併在此提醒讀者們注意。日本東北地方有些民眾會將鵝掌草當作野菜食用，不過在一般的認知裡，鵝掌草也是含有若干毒性的植物。還請小心食用。

草烏【毛茛科】會開出色彩鮮艷的紫色花朵。全草有毒，根部的附子與烏頭是重要的生藥成分。

Aconitum carmichaeli

似有若無的清甜毒味

馬桑

Coriaria japonica　【馬桑科】

在這裡可以看到高度大概及膝的灌木，馬桑。日本從北海道至近畿以北各地皆有馬桑分布，其葉片帶有光澤，外型乍看之下宛如羽毛。春季會開滿黃綠色小花，進入夏季後果實會成熟變紅，據說吃起來有股淡淡的甜味。大小與紅豆差不多的紅色果實變得更熟時，會逐漸轉黑彷彿藍莓般，看起來相當可口。據聞原本似有若無的甜味會隨著成熟而變得幾近無味。不管怎麼說，都絕對不能吃下馬桑果實。

白藜蘆【黑藥花科】
毒芹【繖形科】
馬桑【馬桑科】
除了草烏外，乃日本最具代表性的三種恐怖毒草。

Cicuta virosa

Coriaria japonica *Veratrum oxysepalum*

事實上，其果實含有名爲馬桑內酯(coriamyrtin)與羥基馬桑內酯(tutin)的有毒物質。中毒時會引起嘔吐與呼吸麻痺，並對延髓造成刺激而引發激烈痙攣，嚴重時將會致死。提醒大家小心防範，尤其應避免幼兒誤食。請別忘了，由於含有劇毒之故，因此這種植物自古以來在日本又被稱爲市郎兵衛殺。

馬桑在日本只有一屬一種分布，不過全球大約有十種近緣種。在亞洲的生長地區爲台灣、中國內陸地帶至喜馬拉雅，大洋洲爲新幾內亞與紐西蘭、南非南部與北部的太平洋沿岸、歐洲西部等等，呈現出隔離分布的狀態，斷斷續續地出現在相隔甚遠的地方。

此現象引發了某位研究者的興趣。他將分布地點連成線後，發現剛好繞行地球一周。植物學家前川文夫（一九〇八－一八四）綜合分析上述結果，提出馬桑應該是沿著白堊紀時的古赤道分布的假說。換言之，沿著白堊紀赤道分布的馬桑族群，因之後的氣候變遷，而在變得酷寒的地域滅絕，所以才會在世界各地隔離分布。我認爲這項看法相當有趣。

除了馬桑外，日本著名的致命劇毒植物還有前述的草烏，以及接下來即將介紹的毒芹、白藜蘆（尖被藜蘆）。不妨將它們以「烏馬毒白（草烏、馬桑、毒芹、白藜蘆〔尖被藜蘆〕）的口訣記下來。

奪命「延命竹」

毒芹

Cicuta virosa　【繖形科】

毒芹分布於日本與歐亞大陸各地，而且會開出非常具有繖形科特色的白色花朵。毒芹與可以食用的水芹（*Oenanthe stolonifera*）同屬於繖形科，但體積比水芹還要大上許多。因此在日本還有大芹這項別名。毒芹與水芹同樣生長於水邊，將它從水底泥中挖出時，就會露出粗胖的根部。其根部爲中空，切下時會流出黃色汁液。毒芹具有致命毒性，因此絕不能將其與食用型的水芹搞混。日本有些地區會將毒芹以延命竹或萬年竹的名稱販售，並栽種於水缽內觀賞。然而，這項植物不但無法延命，甚至可能令人喪命。

毒芹全草含有毒水芹鹼(cicutoxin)這種強烈的有毒成分。毒水芹鹼的分子在植物成分中顯得極爲特殊，連續存在著二個由碳原子三鍵所形成的部分結構，擁有相當特異的化學結構。毒水芹鹼中毒會出現痙攣、呼吸困難、嘔吐、腹瀉、腹痛、暈眩情況，甚至還可能引發意識障礙。

一九九二年四月，宮城縣有一民衆將採來的毒芹根錯認爲山葵，並分送給同事，結果導致三十五人同時中毒的事件。大家可能疑惑怎會搞出這樣的烏龍，不過毒芹粗胖的根部外型，確實與山葵根有點相似。幸好這起「事件」的中毒者們所食用的量不多，未演變成死亡命案，萬一有人因此喪命的話，肯定會成爲震驚社會的大事件。這件事也讓大衆上了一課，食用山野草之際，卽便是朋友好心分贈之物，也必須仔細判斷，小心處理。

今母羊生出獨眼小羊

白藜蘆

Veratrum oxysepalum【黑藥花科】

白藜蘆會向上開出碩大的白色串狀花朵，看起來十分搶眼。白藜蘆分布於日本山地林間與濕草原，開花時期爲七到八月。亦生長於歐洲、北非、西伯利亞與東南亞。白藜蘆與外型相似的近緣種，尖被藜蘆（*Veratrum stamineum*）同樣，全草皆含有原藜蘆鹼A（protoveratrine A）等有毒生物鹼。因此，吃下這些植物時，心搏會變得異常緩慢，出現強烈噁心反胃與血壓驟降的情況，十分危險。園長曾與咬下一口白藜蘆根，雖立即吐出來但還是被緊急送醫的患者本人聊過這件事。只能說被列爲具有危險性的植物，絕不能貿然嘗試。

白藜蘆與尖被藜蘆皆喜愛多濕的環境，經常與天門冬科的玉簪類在同一地方生長。白藜蘆與尖被藜蘆發芽時，與日本東北地方名叫「大葉玉簪」被當成野菜食用的玉簪類有點相似，也曾傳出有民衆誤採而中毒的案例。請大家務必當心。

此外，羊隻吃下此植物後雖不至於喪命，但曾發生過生出獨眼小羊的事例。研判此植物的成分應具有致畸胎性，光是這一點就可說是恐怖的毒草。

以暗藏蓖麻毒蛋白的子彈進行暗殺

蓖麻

Ricinus communis【大戟科】

蓖麻是原生於印度與東非等熱帶地區的大型一年生植物。這些是在春天播種的蓖麻，成長速度飛快，在正值盛夏時分的現在，如大家所見已高達三～四公尺。其分布範圍甚廣，甚至可說是遍及世界各地。我曾在韓國看過半野生化的物種。此外，也有文字資料記載在以色列到處都可見到其身影（Ori Fragman著，廣部千惠子譯《以色列花圖鑑》Myrtos出版，一九九五年，二二一頁）。日本雖沒有原生的蓖麻，但相傳分別在平安時代初期從中國大陸，以及江戶時代末期從美國傳入，屬於歸化植物。

蓖麻有各式各樣的品種，莖部爲紅色者會被用來插花，在日本也有栽植。抬頭一看，蓖麻正用著它那比八角金盤還碩大的葉子爲我們遮陽蔽蔭呢。長滿棘刺，看起來就很危險的果實纍纍纍成串。這裡面的種子叫做蓖麻籽，大小與形狀剛好就像略爲縮小的斑豆，有些品種連表面紋路都與斑豆相似。然而，蓖麻籽與斑豆的種臍部分大不相同。將兩者的種子置於桌上比較時就會發現，斑豆的種臍位於側邊，相對於此，蓖麻籽則位於表面直條紋的尾端（就好比金屬熱水袋注水口的位置）。其種子表面亮麗有光澤，有些品種還帶有紅褐色或黑色斑紋，看起來相當別緻。

壓榨此種子所取得的油，即是所謂的「蓖麻油」。蓖麻油在便祕時可用來內服或浣腸。此外，蓖麻油也是造型品髮油的原料，並被應用爲凝固炸天婦羅等廢油的材料。

另一方面，其壓榨殘渣含有非常強烈的有毒成分，蓖麻毒蛋白。這種毒素的英文爲ricin，與胺基酸類的離胺酸（lysine）日文名稱完全相同，皆寫作

「リシン」，但兩者乃截然不同之物，還請特別留意。從蓖麻種子能取得含有劇毒的蛋白質，它會對微脂體(liposome)這種與維持生命機能所須蛋白質的生成息息相關之物質產生作用，妨礙其功能，使人喪命。這在人類目前已知的毒物中，肯定是能排進前十大的猛毒。有些國家甚至將蓖麻毒蛋白列爲化學武器，嚴加管理。

蓖麻毒蛋白透過經口投予亦能顯現毒性，不過以注射等方式投予時，能更加發揮強烈毒性。這是因爲，蓖麻毒蛋白無法被腸道有效吸收的緣故。

此毒素也曾被用於暗殺行動。一九七八年初秋，橫跨倫敦泰晤士河的滑鐵盧橋橋畔，發生了一起謀殺案。兇嫌透過傘尖改造成手槍的黑傘，將直徑僅有一．五二公厘，裝有蓖麻毒蛋白的鉑銥合金膠囊(球體)，射入流亡英國的葡萄牙作家馬可夫(Georgi Markov)大腿裡。馬可夫在五天後氣絕身亡。解剖遺體後才發現上述膠囊的存在。

膠囊上有二個直徑〇．三五公厘的小洞，被蠟狀物所覆蓋。據聞當這

蓖麻【大戟科】原生於熱帶地區的大型一年生植物。果實帶刺，種子則含有劇毒蓖麻毒蛋白。

Ricinus communis

個蠟狀蓋因體溫而融解時，膠囊內的毒素，也就是蓖麻毒蛋白便會隨之流出。只須一顆極小膠囊與微量的蓖麻毒蛋白，便能奪走一名成年人的性命，實在毒到令人覺得毛骨悚然。

被用來處決蘇格拉底的毒物

毒參

Conium maculatum　【繖形科】

毒參爲歐洲原產的二年生植物，現則廣泛分布於中國、北非與北美，在日本爲歸化植物，生長範圍逐漸擴大遍及全國。其花朵形狀的確極富繖形科特色，特別大型的物種甚至能成長至三公尺高左右。在日本從六到七月會開出白色花朵。此外，全草會散發出如鼠尿般的強烈惡臭，也是毒參的一大特徵。

這種植物在英語圈又名poison hemlock，在日本則因爲其葉與巴西里相似，也有人稱之爲毒巴西里。全草含有毒芹鹼（coniine）與去氫毒芹鹼（coniceine）等致命的有毒生物鹼。

毒參在古時曾被用來處死蘇格拉底（約西元前四六九－三九九），其莖部的黑紫色斑點又被喚作「蘇格拉底之血」。種名*maculatum*即代表「斑點」抑或「汙漬」之意。相傳在古希臘被判處死刑時，受刑人必須自行選擇伏法方式。蘇格拉底則選擇服下毒參液赴死。他並非犯下刑事案件，罪行較近似現代所說的思想犯。其弟子柏拉圖在著作《斐多篇》中如此描述蘇格拉底的臨終過程：

「——蘇格拉底喝下執行人員送上來的毒杯，並按照其吩咐開始走來走去，接著表示雙腿沉重走不動而仰躺在地。一切皆如那名執行人員所言般地發展。

接下來，送上毒飲的這名男子，觸摸了老師的身體，過了一段時間後再檢查腳掌與小腿等部位，接著用力壓住其腳尖，並詢問是否有任何感覺。老師回答『沒有』。

該名男子再度以同樣的方式壓住老師的小腿，並逐漸往上移動測試，向我們展露出身體各部位已變得冰冷僵硬的反應。然後，他又再次觸摸確認，說出等毒到達心臟時一切就結束了這句話。——」（摘自池田美惠譯《世界名著6 柏拉圖1 斐多篇》中央公論社出版，一九六六年，四八九－五八六頁）

毒參與同為繖形科的毒芹（一四〇頁）經常被搞混。毒芹雖含有毒水芹鹼這種致命的有毒成分，不過如同先前所述般，毒水芹鹼並非生物鹼，其作用也與毒參截然不同。此外，毒參的毒性強弱似乎會隨著生育地而有所不同。據悉倫敦等相當於高緯度地域所產的毒參幾近無毒，有些地方還會進行去毒處理後當成野菜使用，不過食用此物實在太過危險，絕不建議大家這麼做。

毒參【繖形科】歐洲原產的二年生植物，於六至七月開出白花。會散發出如鼠尿般的惡臭味。

Conium maculatum

用來塗在吹箭上的痙攣毒

馬錢子

Strychnos nux-vomica　【馬錢科】

馬錢子原是生長於印度、斯里蘭卡、澳洲北部等地的常綠喬木。此植物會長出乍見之下宛如柳橙般，直徑六～十三公分左右的液果。大家是否看到了呢。在這果實中含有數個呈扁平圓盤狀，直徑約二公分的種子。此種子稱之爲「馬錢子」或「番木鱉」。

有些國家會將安全劑量的馬錢子作爲苦味健胃藥（藉由苦味刺激嗅覺、味覺，促進胃液與唾液反射性分泌，以增強腸胃功能）使用。另一方面，馬錢子亦是製造硝酸士的寧(strychnine)這種毒物的原料，因此馬錢子又有士的寧樹之別名。

馬錢子的主要生物鹼成分，分別爲士的寧（strychnine)以及馬錢子鹼(brucine)。士的寧乃具有強烈毒性的物質，〇．〇三～〇．一公克的硝酸士的寧便足以致人於死地。這意謂著一粒馬錢子卽已接近致死量。另一方面，馬錢子鹼的毒性據說約爲士的寧的六～三十分之一。只不過，馬錢子帶有非常強烈的苦味。

士的寧中毒會出現特有的強直性痙攣症狀，而且每隔一段時間給予微弱的刺激時，就會再度誘發痙攣。被注射士的寧的小家鼠受到鉛筆尖等物所帶來的微弱刺激時，就會出現強直性痙攣，接著全身直挺挺地伸展到超乎想像的地步。過了一會兒後又若無其事地開始活動，但再度以鉛筆等物給予刺激時，就會再次引發同樣的症狀。這項作用在植物毒中亦相當罕見，士的寧與菸草(六十四頁)所含有的尼古丁、以及原生於印度至東南亞的防己科樹木印度防己（*Anamirta cocculus*）所含有的印度防己素(picrotoxin)被列為三大痙攣毒。

在東南亞會將馬錢子毒作為吹箭毒並應用於狩獵上。麥哲倫海峽的發現者，亦為著名的探險家麥哲倫（Ferdinand Magellan／約一四八〇－一五二一）相傳是在菲律賓中了塗抹馬錢子的毒箭而喪命。

另外，前述的硝酸士的寧，也就是士的寧硝酸鹽，曾被業者用來為無人收養的狗狗進行安樂死。一九九五年還發生了惡用此藥物的埼玉愛犬家殺人事件，兇嫌透過硝酸士的寧奪走四條人命。據悉被投予這項化合物時，直到斷氣前意識都還相當清楚，是一種光是想像都令人覺得可怕的毒物。

承前所述，馬錢子雖含有特殊劇毒化合物，但如同開頭所提到的內容般，在印度等地會將安全劑量（極微量）的馬錢子作為健胃整腸藥使用。

箭毒植物【防己科】
毛旋花【夾竹桃科】
馬錢子【馬錢科】
世界可根據塗抹在毒箭上的箭毒，分
爲四個文化圈。

Strophanthus gratus

Strychnos nux-vomica　*Chondodendron tomentosum*

索馬利族所使用的箭毒

毛旋花

Strophanthus gratus【夾竹桃科】

這裡可看到長著巨大豆子的植物，它就是毛旋花。毛旋花爲非洲原產的植物，可達五十公分長的巨大果實內含有種子，從中能萃取出一種強心配醣體，G–毒毛旋花子苷(G-strophanthin)。G–毒毛旋花子苷的G乃取自此植物種名*gratus*的第一個字母。

人類爲了在狩獵中確實拿下獵物，而想出了在弓箭或吹箭箭頭上塗毒的方法。毒箭存在於世界各地，塗在毒箭上的毒，也就是箭毒，根據民族毒物學家石川元助（一九一三—八二）的研究，可將世界分為四個文化圈。世界四大箭毒文化圈分別是（1）從日本北海道橫跨歐亞大陸直至歐洲的草烏箭毒文化圈、（2）東南亞的怡保箭毒文化圈、（3）中南美的箭毒植物箭毒文化圈，以及（4）西非的毛旋花箭毒文化圈。在這當中的草烏與怡保箭毒所使用的馬錢子，以及箭毒植物已另闢篇章解說。

毛旋花的有毒成分G—毒毛旋花子苷，別名哇巴因（ouabain），在獸醫學領域會被當成強心利尿藥使用。此外，非洲索馬利（Somali）族以索馬利語的「waabaayo」來稱呼箭毒，而此名稱的法文拼法據說乃哇巴因的語源由來。G—毒毛旋花子苷是一種與毛地黃、鈴蘭、山麻種子所含有的毛地黃毒苷、鈴蘭毒苷、長蒴黃麻苷類似的類固醇強心配醣體。

麻痺神經的三種「鳥毒」

箭毒植物

Chondodendron tomentosum【防己科等】

南美原住民使用吹箭狩獵時，會在箭頭抹毒，藉此麻痺獵物的神經以便手到擒來。這種毒素稱爲箭毒(curare)，據說代表「鳥毒」之意。由此可知箭毒並非植物的名稱，而這座植物園內亦種植著能成爲箭毒原料的植物。現在就在大家眼前，長著心型葉片與藍色果實，伸展著藤蔓的植物，亦即防己科的*Chondodendron tomentosum*(南美防己)就是其中一員。

箭毒可根據所使用的容器，大概分爲三類：(1)竹筒(亦稱竹管或竹箭)

箭毒(tubo curare／tube of bamboo curare)、(2)壺(或稱陶壺)箭毒(pot curare)，以及(3)葫蘆箭毒抑或空心葫蘆箭毒(calabash curare)。接下來會提到各種箭毒材料的植物名，簡單地爲大家做講解。

(1)竹筒箭毒會被存放於在亞馬遜河流域被稱爲tubo(或tube)的竹筒內。原料爲產自巴西的防己科植物*C. tomentosum*與*C. platyphyllum*等樹皮萃取物。竹筒箭毒所含的有毒成分爲氯化筒箭毒鹼(d-tubocurarine,可縮寫爲d-Tc)

(2)壺箭毒則保存於小型陶壺裡。由於壺與上述竹筒箭毒的tubo日文讀音相同，容易混淆，因此筆者認爲以pot curare來稱呼會比較恰當。壺箭毒主要用於法屬圭亞那與亞馬遜河流域，是將前述的巴西產防己科植物的萃取物，與馬錢科的*Strychnos*屬植物(例如*S. castelnaei*)的樹皮萃取物混合後所提煉而成的。

(3)葫蘆箭毒抑或空心葫蘆箭毒(calabash curare)，是以馬錢科的*S. toxifera*以及同屬植物萃取物爲基原所製成的。由於使用葫蘆(calabash)作爲容器之故，而得此名。葫蘆箭毒主要產於內格羅河(Rio Negro)以及奧里諾科河(Orinoco)上游流域。

這三項箭毒的共通點爲，毒素會在神經肌肉接合處，取代乙醯膽鹼這個由運動神經末梢所釋放的興奮性神經傳導物質，搶先與受體結合，阻斷興奮訊號的傳遞，在短時間內令肌肉鬆弛。因此，停在樹木高處的鳥或猴子等動物中了塗抹在吹箭上的毒時，肌肉就會變得癱軟無力而摔落地面，人類便得以帶走獵物。

這三種箭毒中，剛已提到(1)竹筒箭毒的毒素成分爲氯化筒箭毒鹼，(2)與(3)源自馬錢子科*Strychnos*屬植物的有毒成分，則分別是*C*-箭毒鹼(C-curarine)與*C*-毒馬錢鹼*I*(C-toxiferine I)等，皆屬於生物鹼類。此外，這些名稱所標示的*C*則是取自calabash的第一個字母。

在上述這些有毒生物鹼中，氯化筒箭毒鹼(*d*-Tc)能在外科手術時，用來抑制士的寧中毒所引起的痙攣。不只如此，亦能當作全身麻醉時的肌肉鬆弛劑，或是治療破傷風與狂犬病等痙攣性疾患。現在則主要使用仿自此生物鹼化學結構的化學合成物質。

箭毒作用的特徵為，無論是像人類這樣的恆溫動物，抑或爬蟲類、兩棲類般的冷血動物，中了此毒時都會因為骨骼肌麻痺而導致手腳無力。這種對全身骨骼肌所產生的抑制作用具有一定的順序，最初為眼睛、耳朵、腳趾等短肌受到影響，接著為四肢肌肉，再來頸部肌肉會隨之麻痺，若為溫血動物的話，最後會因為呼吸肌肉麻痺而窒息身亡。

消化系統吸收箭毒的速度很慢，而且吸收後也會被肝臟分解，因此才能抹於吹箭上來捕獲動物祭五臟廟。由此可知，箭毒是一種性質非常特殊的植物毒。

毒性亦承襲了其強韌的生命力

夾竹桃

Nerium indicum【夾竹桃科】

夾竹桃是原產於東印度地區的植物，推估於江戶時代寬政年間（一七八九－一八〇一）經由中國大陸傳入日本。在這座植物園中亦綻放著十分搶眼的粉紅花朵。

夾竹桃這項名稱的由來，據說是因爲其葉與竹葉相似，花朵外觀又肖似桃花之故。夾字亦有將兩者合在一起之意。在日本，夾竹桃會在夏季盛開粉紅等五顏六色的花朵，相當具有人氣。

此外，由於夾竹桃的抗汙染力強，因此經常被選作行道樹。這也讓園長想起以前造訪義大利羅馬時，從國際機場乃至市區的道路中央分隔島，皆種滿了一排又一排的夾竹桃。因爲夾竹桃亦具有強大的抗車輛廢氣能力。不只如此，在遭到原子彈轟炸而化爲焦土的廣島市，最先開花的植物即爲夾竹桃，因而被視爲復興的象徵，並成爲廣島市花。

另一方面，夾竹桃包含葉、莖、根等部位在內全草皆有毒，含有類固醇骨架的心臟毒夾竹桃苷(oleandrin)。據悉燃燒夾竹桃所產生的煙霧具有危險性，混合了夾竹桃廢棄枝葉的腐葉土亦殘留著有毒成分。

一九七五年，法國發生了一起與夾竹桃有關的事故。在戶外烤肉的一行人可能因爲夾竹桃隨處可得很方便的緣故，而將夾竹桃枝當成烤肉串使用，結果導致七名男女中毒，甚至有人因此喪命。夾竹桃中毒時會先出現腹瀉、嘔吐、暈眩、冷汗、運動失調等症狀，接著心跳會變紊亂，可能引發心臟麻痺而致死。

含有類似夾竹桃有毒成分的植物，還有同爲夾竹桃科的牛皮消（*Cynanchum caudatum*）。它是屬於蘿藦族群的藤本植物，據聞初春時所長出的新芽會被拿來食用。其根部爲膨大的塊狀，但含有強心配醣體。此外，阿伊努語稱牛皮消爲「Ikema」，意即「膨大的根部」。

除此之外，夾竹桃科的植物還有原產於中南美與加勒比海諸國，並在夏威夷、大溪地、薩摩亞、紐西蘭等太平洋島嶼被用來製作花環、作爲行道樹的緬梔（印度素馨／*Plumeria rubra*）。緬梔又名雞蛋花（*Plumeria*），不過*Plumeria*乃其近緣植物的總稱。包含緬梔在內的雞蛋花約有三百種，會開出白、粉紅、紅與黃色美麗花朵，但樹液含有毒性。這種花朵還被用來妝點女性的秀髮，據悉未婚者配戴於右邊，已婚者則爲左邊。

另一方面，雞蛋花在菲律賓、印尼與馬來西亞會令人聯想到鬼魂或墓地，所代表的意象似乎不怎麼吉利，因爲據說這些國家的墓地皆種有雞蛋花。同一種植物在不同國家會產生截然不同的看法，著實是很令人玩味的現象。

夾竹桃【夾竹桃科】原產於東印度的常綠小喬木。全草皆有毒，含有心臟毒夾竹桃苷。

Nerium indicum

被用於神明裁判的斷罪種子

毒扁豆

Physostigma venenosum【豆科】

毒扁豆原是生長於西非的藤本植物。花朵爲紅色系，形狀相當有特色，被稱爲蝶形花，此種花形亦可見於同爲豆科植物的多花紫藤與豌豆。大家請注意，掉落在此的毒扁豆黑褐色種子，含有劇毒生物鹼，所以千萬不能放進嘴裡喔。

毒扁豆其實牽扯到許多駭人聽聞的故事。大家可曾聽過「神明裁判」一詞？

這是利用各種方法獲得神的旨意，以判斷事物眞僞與善惡的審判方法。日本自古以來也有名爲「盟神探湯」的神明裁判法。在審判過程中會將犯罪嫌疑人的雙手浸泡在熱水裡，若因此燙傷的話便代表有罪。

類似的情況也曾出現在歐洲過去的女巫審判中。進行女巫審判時，比方說會將嫌犯綁縛在以繩子吊掛的椅子上，再連人帶椅浸入水中，並根據「溺死的話便不具有女巫嫌疑，沒溺死的話就代表是女巫」的判斷基準來處理，眞的是很可怕的做法。

言歸正傳，毒扁豆的種子含有毒扁豆鹼(physostigmine，又名eserine)這種有毒生物鹼，除了催吐作用外，還具有致命毒性。過去在奈及利亞的州政府所在地卡拉巴爾(Calabar)，曾利用此種子進行神明裁判。方法爲命令犯罪嫌疑人喝下此種子的萃取液，「未犯下罪行者，因爲確信自身的淸白，會乾脆地一飲而盡，由於此植物具有催吐作用，所以會全數吐出而逃過一死。眞正的犯罪者因出於恐懼只敢小口小口地啜飮，在還沒來得及吐出前，毒素便會循環全身而奪其性命」。或許有關當局是想巧妙應用此毒的作用來做出判斷，但不覺得這其實是很殘忍的審判方式嗎。

此外，安全劑量的毒扁豆鹼在從前曾被用於醫治青光眼，現在則以參考此生物鹼的化學結構所合成的新斯狄明(neostigmine)作爲治療用藥。新斯狄明在人類透過化學合成的藥物中，是僅次於化學武器ＶＸ神經毒劑，最爲猛烈的毒物之一。

另一方面，與毒扁豆同爲豆科植物並含有劇毒成分的是，名爲雞母珠(相思子／*Abrus precatorius*)的物種。雞母珠原產於東南亞，但在其他熱帶地區業已野生化。其種子艷紅又充滿光澤，十分漂亮，再加上質地堅硬易於加工，自古以來便被當作珠飾以及沙鈴等樂器的材料。在英文中則有「jequirity bean」、「crab's eye」、「rosary pea」、「John crow bead」、「Indian licorice」、「gidee gidee」等名稱。

雞母珠的種子內含雞母珠毒蛋白(abrin)這種擁有強烈毒性的蛋白質。

毒扁豆【豆科】原產於西非的藤本植物。黑褐色種子含有劇毒毒扁豆鹼，是過去被用於神明裁判之物。

Physostigma venenosum

雞母珠毒蛋白與蓖麻種子所含有的蓖麻毒蛋白一樣，都會妨礙微脂體的蛋白質生物合成以發揮毒性。雞母珠毒蛋白雖爲蛋白質，但經口攝取也不會變性，依然保有猛毒性。

過去曾發生將雞母珠作成手環配戴而喪命的事件。當事人爲了穿線做手環而將雞母珠種子打洞，導致雞母珠毒蛋白外流，不巧手腕上又剛好有傷口，研判劇毒便因而趁勢進入體內。

第四章 謎樣花園

在先前所參觀的園區，爲大家解說了各種已知有毒植物中，尤其會即刻喪命，帶有劇毒的可怕物種。接下來要在這座花園，爲各位介紹伴隨著神祕傳說、名稱由來頗爲玄妙，以及巨大化到令人覺得發毛，莫名呈現出謎樣氛圍的花花草草們。只不過，這座花園的植物中，也有曾造成奪命事故的物種，因此依舊不能掉以輕心。

許多植物會綻放美麗的花朵，但往往也含有如毒藥或毒品般魅惑人心的成分。請大家回顧一下稍早前所介紹的罌粟、曼德拉草、洋金花、毛地黃、卡羅萊納茉莉、草烏、夾竹桃、雞蛋花等，我想應該就能明白，這些植物的花朵美則美矣，同時卻也具備令我們人類深感困擾的各種面向。

這座花園的植物亦然，既會長出艷麗的花朵、果實與花穗，又具有難以從其外觀想像的另一面。鈴蘭會綻放柔美的花朵並擁有高雅的別名，卻帶有劇毒；小連翹被當成民間偏方使用，但其日文名稱的由來卻充滿血腥味。此外，馬醉木與白花八角的日文名稱，則是根據其所含有的毒性物質而命名的。相傳是在古時候經由中國大陸引進日本的彼岸花，由於到處綻放搶眼的花朵，甚至發展出「紅花卽爲曼珠沙華」的說法，徹底深入日本人的生活，同時卻又擁有許多詭異的別名，亦是含有毒生物鹼的毒草。

有時想爲花圃增添新成員，但有些植物不見得能適應，有些卻是過度繁殖或短期間內變得無比巨大，令人頭疼。本章也會針對這類型的植物做介紹。舉例來說，好比魚腥草。出自想喝魚腥草茶的念頭而將其種在庭院時，往往會被搞得一個頭兩個大。因爲其根部會大舉攻佔整座庭院，四處散布大量的種子而變得無比繁茂。眼見情況不妙而動手驅除也難以收拾解決，此時我敢保證一定會後悔自己當初動念讓魚腥草成爲庭院新成員的決定。另一方面，有些植物則是遲遲無法順利成長，或難以融入新環境，無法每樣皆盡如人意。

居住在這座花園的植物中，有些只要善加利用，也能爲人類帶來幫助，這點與先前所介紹的植物們其實是相通的。接下來就要爲大家介紹妝點這座花園，換個觀點亦能稱之爲充滿禁忌色彩的各種植物。

鈴蘭

Convallaria majalis var. *manshurica*　【天門冬科】

鈴蘭會綻放外型彷若白鈴般惹人憐愛的花朵，再加上香氣怡人，因而被當成香水的原料。產自歐洲的德國鈴蘭（*Convallaria majalis* var. *majalis*），尤其受到青睞，很常被種植在家中庭院裡。德國鈴蘭的花朵會長在葉片之上，易於觀賞，日本產的鈴蘭則如大家所見，花朵低調地開在葉片下方，德國鈴蘭則因顯得相對討喜而廣被栽種。

鈴蘭是在四至六月開花的春季花卉。在日本又被稱爲君影草，並擁有

鈴蘭【天門冬科】會在四至六月綻放外型彷若白鈴般惹人憐愛的花朵。另一方面卻是含有強毒鈴蘭毒苷的毒草。

Convallaria majalis var. manshurica

「Lily of the valley（山谷百合）」這個雅致的英文名。在法國，五月一日為「鈴蘭節」，會將鈴蘭花贈予珍愛之人表心意。鈴蘭同時也是新娘捧花的代表性花卉，花語為「幸福歸來」，無論是名稱還是各種逸聞，皆呈現出溫柔可人的形象。

然而，其實鈴蘭的另一面卻是含有鈴蘭毒苷（convallatoxin）這種強心配醣體（心臟毒）的可怕毒草。從前曾傳出有兒童因喝下插滿鈴蘭的杯中水而死亡的案例，其毒性之強可見一斑。鈴蘭毒苷中毒會出現嘔吐、頭痛、暈眩等症狀，重症時會引發心臟衰竭、血壓降低與心臟麻痺等情況，最嚴重時甚至可能致死。上述的中毒事件，有可能是因為孩子發燒臥床休息，家長為了舒緩其低落的情緒，而在床邊放上插滿鈴蘭的水杯。不料，口渴難耐的孩子卻將鈴蘭挪開，喝下杯中水。殊不知鈴蘭的有毒成分已融解在水杯裡。

此外，鈴蘭的葉子與為人所食用的蔥科茖蔥（*Allium victorialis*）的葉子極為相似，亦曾發生將鈴蘭葉錯認為茖蔥葉而誤食的中毒事故，這點也必須小心注意。

外型與鈴蘭同樣可愛討喜而廣被栽培的植物則是毛茛科的福壽草（側金盞花／*Adonis amurensis*）。這個名字的意象實在是很吉祥呢。它通常會在新春殘雪猶存的景色中，開出黃色的搶眼花朵。有些業者會將帶有花芽的枝條進行冷藏～加溫處理，使其在新年期間開花。然而，福壽草亦含有磁麻苷（cymarin）等強心配醣體（心臟毒）成分，亦須加以留意。以前某地方電視台所播出的節目，曾安排女性外景主持人吃下福壽草天婦羅。可能因爲淺嚐即止的緣故，幸好未出現中毒症狀，但著實是個令人捏把冷汗的事例。

慘遭殺害的弟弟所流下的血滴

小連翹

Hypericum erectum【金絲桃科】

在準備迎接仲夏的花圃中，小連翹正綻放著黃色花朵。這是從北海道至九州，廣泛分布於日本各地的植物，在日照充足的草地、雜木林，以及山地路邊等處皆可見到其身影。其花朵相當袖珍，不過定睛一瞧會發現其實長得很別緻。不只如此，請大家看一下它的葉子。取下一片葉子透過日光映照時會看得更清楚，葉片中散布著咖啡色小點，這稱之爲油點。接著請大家用指頭搓揉一下葉片。手是不是變紅了呢？小連翹的日文名就是源自

小連翹【金絲桃科】會在夏季開出黃花的多年生植物。相傳日文名稱是來自兄弟反目的駭人傳說。

與這項性質有關的傳說而加以命名的。

小連翹的日文漢字寫作弟切草。活躍於江戶時代中期的醫師，寺島良安（生卒年不詳）約於一七一三年所著的《和漢三才圖繪（第九十四卷）》（平凡社出版，一九九一年，十七卷二〇四頁）一書，有留下與此名稱傳說相關的記載。這是發生於平安時代花山天皇時代（九八四－八六）的故事。

當時有一對馴鷹師兄弟，哥哥春賴把持著治療鷹傷的特效藥祕方，並嚴守此祕密，對其他馴鷹師三緘其口。然而，弟弟卻在某天將這個祕密藥草之事，說予其他馴鷹師知曉。沒想到勃然大怒的哥哥竟然因此狠心地砍死胞弟。在這之後，此藥草便被喚作「弟切草」。剛剛搓揉葉子後所出現的紅色，相傳就是弟弟反濺的血滴。

小連翹的近緣種爲貫葉連翹（*Hypericum perforatum*），將其花瓣壓印在白紙上時，會出現紅色斑點。此植物又被稱爲聖約翰草（St. John's wort）。據聖經記載，聖約翰（St. John's）因莎樂美的要求而被砍下首級，相傳這些紅色斑點即代表聖約翰之血。關於小連翹，無論東西洋皆有類似的悽慘故事，著實令人玩味。

據說搓揉小連翹葉後所流出的物質，具有治療蚊蟲咬傷、擦割傷、跌打損傷的效果，另一方面也可能引發皮膚炎，必須加以注意。

馬醉木

Pieris japonica【杜鵑花科】

馬醉木的白花朝下盛開，纍纍成串的小花低垂著枝椏的模樣，倒也別有一番風情。馬醉木又名梫木，是生長於山地的常綠灌木。東大寺大佛殿的所在地，奈良公園內到處皆可見到馬醉木，不過生活在此的鹿群們可能知曉這些花朵的真面目，從不把它們吃下肚。

馬醉木的名稱據說是來自馬吃了此植物後會出現彷彿酒醉的中毒反應。對鹿應該也會產生同樣的毒性作用。據瑞典植物學家通貝里（見八十六

頁)的《日本植物誌》一七八四年)所述，在長崎將此植物稱爲「猪不食」(シシクワズ)，不過這個猪字指的其實是鹿。

馬醉木一般都含有被統稱爲馬醉木毒素(asebotoxin)以及梫木毒素(grayanotoxin)的有毒成分。這些成分屬於萜烯(terpene)類，而非生物鹼。據說人類中了馬醉木毒時會引發劇烈嘔吐與腹瀉，接著手腳會無法活動，嚴重時會失去意識。

杜鵑花科的其他杜鵑花類與石楠花族群等，亦含有類似的毒性成分。比方說，含有毒性成分的杜鵑花科植物，有分布於日本全國山地之中的*Rhododendron*屬（杜鵑花屬)落葉灌木，山杜鵑(*R. kaempferi*)、生長於本州中部以東深山內的常綠樹，東石楠花(*R. degronianum*)、生長於高原的落葉灌木，蓮華杜鵑(*R. japonicum*)，以及分布於關東以西各地的河岸或長在岩石上，並發展出許多園藝品種，經常被種成盆栽的常綠灌木皋月杜鵑(*R. indicum*)等等。皋月杜鵑因在五月開花，故得此名，同時也被單稱爲皋月。

此外，石楠花在海外被改良成園藝品種，石楠杜鵑（西洋石楠花）則是最常被栽種於庭院或當成盆栽的品種。

筆者在孩提時代會拔下庭院所綻放的杜鵑花花瓣，輕舔附著於根部的花蜜玩耍。若僅止於這樣的程度，應該不至於出現中毒症狀，不過杜鵑花族群所引來的蜜蜂還是小心避開爲妙。將石楠花的葉子泡茶飲用反而會有危險，絕不建議大家這麼做。

此外，同屬杜鵑花科，亦含有毒成分的植物還有生長於寒冷山地的落葉灌木，噴嚏木（*Eubotryoides grayana*）。由於具有誘發噴嚏的性質而得此名。這種植物的毒素也爲人所應用，將葉子磨成粉用以消滅沒有沖水設備的茅廁蛆蟲，以及驅除寄生於牛馬皮膚的寄生蟲。馬醉木在過去也曾被用於這些用途。

馬醉木【杜鵑花科】生長於山地的常綠灌木。會開出纍纍成串的白花。據說馬吃了此植物後會出現彷彿酒醉的中毒反應。

Pieris japonica

擁有許多不祥稱號的鮮紅花朵

彼岸花

Lycoris radiata　【石蒜科】

今天是九月二十三日，正好是二〇二二年的秋分之日，進入彼岸時期的中段。彼岸花彷彿算準了這一天般，盡情綻放鮮紅花朵，讓人想不見其身影都難。每個花朵的形狀都相當別緻有個性呢。

彼岸花在日本擁有曼珠沙華等數不清的別名。比方說，它在開花時尚未長出葉子，進入彼岸時期後花莖會突然獨自抽高，長達五十公分左右，並開出鮮紅色的花朵，等到花朵凋謝後，葉片才露出頭，因此又被稱爲「見花不見葉，見葉不見花」，再加上從前經常被種植於墓地，因而被冠上帶點陰森氣息的「死人花」「幽靈花」等名稱。或許是因爲彼岸花實在太深入日本人生活的緣故，據悉其異名超過一千，實際上，日本植物之友會所編著的《日本植物方言集（草本類篇）》（八坂書房出版，一九七二年，二〇三－二一〇頁）共列出了四百一十四個名稱。

彼岸花的葉片與球根含有名爲石蒜鹼（lycorine）與加蘭他敏的有毒生物鹼，亦是相當有名的毒草。無論是多不勝數的詭異別名，還是其所含有的毒性，彼岸花都可說是極爲符合這座禁忌植物園屬性的植物。此外，曼珠沙華在梵語爲「開在天界的紅花」之意。此稱號與前面所介紹的洋金花別名，曼陀羅華有點相似，還請勿混淆。

日本人對彼岸花的認知大多爲生長於戶外，甚至長期以來被認爲不適合種於住家內。然而，美國卻將彼岸花當成園藝植物引進，花莖突然從地面竄出來開花的生態，反而讓美國人覺得有趣，並稱其爲魔法百合（Magic Lily），將之栽種於庭院草皮中，非常受歡迎。與彼岸花爲近緣的夏水仙（鹿蔥）族群，由於其葉與花也同樣各別生長，永不相見，韓國因而取「葉想花，花想葉」的寓意，稱其爲相思花。這名稱很有意境，相當動人。在初秋時分的田間小徑與河堤等處，皆可看到大量盛開的彼岸花，著實美不勝收。在其他植物幾乎不見蹤影的冬季，得以欣賞其繁盛茂密的綠葉，也是挺不錯的。

在日本最爲常見，會在秋季彼岸時期綻放鮮豔紅花的彼岸花，推估原本應該是從中國大陸渡海傳入的。然而，這種植物爲三倍體不會結出果實，卻能遍佈日本全國，正是因爲含毒的緣故。舊時會將其種植於田畦以防止鼴鼠破壞作物，尤其在江戶時代更被視爲救荒植物之一，據悉人們會將含有毒成分的球根搗碎，泡水處理以取其澱粉食用。當然，會開出美麗的花朵，研判也是彼岸花能在日本打下一片天的要因之一。此外，相傳過去從彼岸花球根取出澱粉之際，由於搗碎球根後的泡水處理不夠充分，反倒因球根所含的有毒成分而頻繁發生中毒事故。在食材豐富的現代，請千萬

彼岸花【石蒜科】會在彼岸時期開出鮮紅花朵。擁有死人花、幽靈花等許多不吉利的別名。

Lycoris radiata

別想嘗試這種土法煉鋼的做法。

從前之所以會將彼岸花種植於墓地，不只是因爲它會在彼岸掃墓時期開花、賞心悅目的緣故，有一說認爲，這屬於一種民俗智慧，由於其球根含有毒生物鹼，能防止土葬的遺體被野狗等動物啃食。

彼岸花球根的生藥名爲「石蒜」，過去似乎曾被當作催吐藥與化痰藥使用，但現在則不被用來內服。此外，從彼岸花球根所取得的加蘭他敏，自二〇一一年三月起，正式成爲阿茲海默症的治療用藥。大家可別因爲聽到這句話，而興起將彼岸花球根磨碎自行治療失智症的念頭喔。醫療現場所用之物是萃取純加蘭他敏所製成的藥劑，而且還必須在專家指導下控管用法與用量。畢竟彼岸花的球根如前述般含有各種有毒成分。

隸屬彼岸花一族的植物除了原生於日本溫暖地帶，會綻放黃花的長花柄蘭，以及生長於日本各地，會開出朱紅色花朵的血紅彼岸花外，還有從中國大陸新引進，會長出粉紅花朵的物種，也開始爲人所認識。近年來還出現上述這些植物的交配種，不但花色豐富而且還很亮麗搶眼。可能也因此緣故，這幾年彼岸花家族植物因其屬名而被統稱爲Lycoris，在日本成爲人氣攀升的園藝花卉。

方才提到在江戶時代明知彼岸花球根含有毒成分，卻還是將之作爲救荒植物使用的這段歷史，然而，過去也有植物被人們以相同的手法進行處理當成糧食，那就是蘇鐵（*Cycas revoluta*）。蘇鐵是生長於九州南部與沖繩的蘇鐵科植物，其碩大的種子含有澱粉。只不過，此種子內含名爲蘇鐵素（cycasin）的有毒成分，食用時必須確實去除這些毒素。明治末期至昭和初期因作物歉收而鬧飢荒，吐噶喇群島以南的南西諸島遂將蘇鐵當作救荒植物，進行去毒處理後食用其澱粉，卻因爲處理得不夠徹底而頻頻發生中毒事件。而此悲慘情況則被稱爲「蘇鐵地獄」。

白花八角

Illicium anisatum【五味子科】

有一種樹木會長出形狀奇特，有菱有角的果實。那就是白花八角，漢字寫作樒。白花八角原產於日本與中國，在日本則分布於東北以南的地區，其枝葉除了被用來供於佛壇外，由於具有獨特的香氣，乾燥後的葉片與樹皮能製成淨香粉。春季時會開出黃白色的嬌俏花朵。

據說白花八角的語源爲「惡之果」，其毒性自古以來便爲人所知。從前土葬的墓地，爲了防止野狗等動物挖出屍體，除了種植前述的彼岸花外，

白花八角【五味子科】春季時會開出黃白色的嬌俏花朵。其毒性自古以來便爲人所知，據說從前被種植於墓地以驅趕野狗。

Illicium anisatum

含毒的白花八角也因爲同樣的目的而被栽種於墳墓周圍。其有毒成分爲莽草毒素（anisatin）。此外，從莽草毒素能取得莽草酸（Shikimic Acid）這種化合物。莽草酸則是知名的流感治療藥物，克流感（Tamiflu）的製造原料。

白花八角【五味子科】春季時會開出黃白色的嬌俏花朵。其毒性自古以來便爲人所知，據說從前被種植於墓地以驅趕野狗。

白花八角的果實與中式料理不可或缺的香辛料八角（Star Anise），外觀相似，因此過去曾發生誤將白花八角當成八角而導致中毒的案例。八角又稱人茴香，是同爲五味子科的近緣種大茴香（*Illicium verum*）的乾燥果實。大茴香是原產於中國南部～越南東北部的常綠喬木，並廣被栽種於中國南部、印度南部與中南半島。八角香氣的主成分爲茴香腦（anethole），並含有桉葉素（cineole）、檸檬烯（limonene）與蒎烯（pinene）。除此之外，亦具有白花八角所含的莽草酸。八角的獨特香味，對日本人而言可謂接受度壁壘分明的香辛料。

話說，若不慎誤食白花八角果實，不但會引發腎臟與消化道發炎，還會產生神經毒作用。中毒時會出現嘔吐、腹痛、腹瀉、痙攣、意識障礙等情況，嚴重時則會致死。

另外，八角在日本又被稱爲「中國八角茴香」，在戰前，從日本出口至海外的白花八角則取名爲「日本八角」，曾有民眾將兩者搞混而發生中毒事件。有鑑於此，白花八角是日本法律中，唯一一項受「毒物及劇毒物質取締法」管制，並被列爲劇毒物質的植物。

水仙

Narcissus tazetta var. chinensis　【石蒜科】

白色水仙正沿著花圃邊緣盛開。水仙在日本也是享有高人氣的園藝植物。看到它們成群開花時，就會令人感受到春天的到來而覺得欣喜。其中還有在寒冬時期開花的日本水仙類，以及大地回春時才於焉綻放的品種，同時種植許多種類時，便能長期欣賞其花姿。

水仙花的形狀大多端正，整體外型亦十分柔美，但除了長壽水仙類外，花朵皆不具香味，顏色也以白色和黃色爲主，有一小部分雖帶有朱紅

水仙【石蒜科】會在初春時開出白色不具香味的花朵。屬名「Narcissus」的語源爲希臘神話中的美少年納西瑟斯。

Narcissus tazetta var. chinensis

或粉紅等色彩，但花瓣的色澤較爲固定沒變化，就鑑賞而言是稍嫌美中不足的一點。

水仙屬名「*Narcissus*」的語源，來自於希臘神話中的美少年納西瑟斯（Narkissos／亦稱納西斯）。納西瑟斯看見映照在泉水中的自身容顏，對此俊美相貌一見鍾情，但可想而知，這段戀情註定無法實現。納西瑟斯無法將視線自水中倒影移開，最終就此死去，並化成一株水仙花。因此，納西瑟斯的名字亦成爲代表自戀與自我陶醉之意的「narcissism」語源。此外，水仙的英文名除了narcissus外，還有daffodil，大致而言，前者是指含括所謂的日本水仙在內的多花水仙與紅口水仙等，會開出小型花朵的水仙；後者則是指喇叭水仙等，會長出大型花朵的水仙。

其實，水仙與彼岸花同爲石蒜科植物，亦具有彼岸花所含的石蒜鹼等有毒生物鹼成分。所以在初春時才會頻傳將水仙葉當成韭菜誤食的中毒事件。除此之外，其他少數事例還有，將水仙球根誤以爲是小洋蔥烹煮食用而中毒的事故，因此提醒大家務必當心。一般來說，孤挺花與文珠蘭的葉片更爲大型而且相當寬闊，應該不至於與韭菜葉搞混，這兩者亦爲石蒜科植物，皆含有毒的石蒜科生物鹼。

蒲葦

Cortaderia selloana　【禾本科】

蒲葦是非常大型的草本植物。日文名為白金葦。進入秋天時，就會如大家所見般，長出帶有光澤的豪華大穗。外型大氣的蒲葦坐鎮於植物園正中央，顯得相當搶眼無比美麗，但若要將它種在一般住宅的庭院，還請三思，因為或許不得不稱它為禁忌植物。

其實，一般而言，蒲葦往往會長成巨無霸，並不適合栽種在普通民宅的庭院裡。因葉片紋路別緻而受人喜愛，同屬於禾本科的斑葉芒（*Miscanthus* sinensis 'Zebrinus')亦具有同樣的性質。

出自同樣的理由，對一般住宅庭院而言，不是長得過大，不然就是擴散成草叢狀態，令人忍不住想稱其爲禁忌植物的還有，毛胡枝子（*Lespedeza thunbergii*）、棣棠花（*Kerria japonica*）、白棠子樹（*Callicarpa dichotoma*）、竹子與赤竹類等。此外，一般而言，繡球花類也會年年增大，由於花芽長在莖部上方，所以很難透過修剪爲其塑身，只能任其在庭院中擴展勢力。再者，花樹類中，櫻花族群的成長速度快，也很常長蟲，因此避免在住家庭院種植此類植物或許會比較保險。

說到成長速度快的植物，玉蘭（*Magnolia denudata*）在初期階段還有辦法將其維持在小巧可愛的狀態，但經過數十年，樹幹茁壯後，開花時當然是顯得很壯觀，但與時俱進的飛快成長速度會愈來愈令人束手無策。根據園長住家的實際種植經驗，當初種在庭院，約莫爲小指般粗的玉蘭幼苗，經過半世紀後已成難以應付的龐然大物，只好請業者來修剪。當時樹幹的直徑已遠超過四十公分。

既然提到不能種在庭院的禁忌植物，接著也來說一下引進住家庭院後會令人大爲頭痛的植物。這些都是一般被稱爲雜草的物種，但有時會因爲藥用等目的而加以種植，所以在此提醒大家注意。像是虎杖、車前草、童氏老鸛草、問荊、魚腥草、花韭、薄荷類、北美刺龍葵等。這些植物一旦被種植於庭院後，就會無限擴張其地盤，極可能演變爲非常麻煩的情況。其中虎杖、魚腥草和北美刺龍葵的地下莖會長得密密麻麻，就算反覆驅除其地上部，殘留於地下的部分仍舊不斷發芽，因此很難將其根除。

我曾在某天翻開庭院的踏腳石查看，這才發現石頭下方變得一片白，強韌的魚腥草（*Houttuynia cordata*）地下莖往四方縱橫蔓延，令我的心情瞬間變得很黯淡。魚腥草在日本還有十藥之名，被當作藥用，而其白色花朵與心型葉片又頗爲賞心悅目，因此我才會一時不察，從某處弄來了魚腥草，卻疏忽了初期的管控，而成爲慘痛失敗的原因。魚腥草不光只是地下莖增生而已，還會散播大量的種子，在庭院中到處發芽。接下來的發展就如同

蒲葦【禾本科】秋季時會長出非常大型又亮麗的金黃色花穗。種植於庭院到最後，可能會被其攻佔所有腹地。

Cortaderia selloana

先前所述的內容般。

有一種名叫花葉魚腥草，葉片具有黃、紅、白等亮麗顏色紋路的品種，雖然不會散播種子長得到處都是，但會在周邊佈滿地下莖的性質卻是相同的。我將之種在巨大的容器內，並將整個容器埋入土裡，希望它能定點生長就好，沒想到它的地下莖卻從容器下方延伸而出，還往周遭擴散。而且，原本種在容器裡的部分，不知何時竟然完全消失，本體從容器下方脫逃另闢生路去了。管理植物要想做到盡如人意，似乎並不容易。

結語

大家覺得「禁忌植物園」的參觀行程如何？是否令各位感到愉快滿意呢？

在這裡所介紹的禁忌植物中，有些一看便知充滿「禁忌」感，有些卻是生活中常見，會令人驚訝「這也是？」的植物。沒錯，禁忌植物們不見得一定住在人煙罕至的山上或森林深處。它們自身並不是以「禁忌植物」的姿態活著，只是各自過著自己的人生（植物生？）罷了。向大家所解說的這些「禁忌」面貌，其實全都是從人類視角出發的觀點。

比方說，能製成毒品的罌粟或許可稱爲代表性的「禁忌植物」，但若人類未加以惡用，想必它們只會定時綻放妖豔花朵，持續活出自己的色彩。思考「禁忌植物」之際，無論何時都必須考慮到植物與人類的關聯性。這座「禁忌植物園」的植物們，舉凡能成毒的、能成藥的、會對精神造成影響的，其生活皆與人類有關，無法略而不談，這點愈是思考就愈耐人尋味。話說回來，要將遍及暑熱地區與寒冷地帶，分布於世界各地的這些植物，在其開花結果的狀態下一口氣鑑賞完畢，本就是不可能的任務。因此，本書提供了跨越時空（這件事本身或許也可稱爲「禁忌」）的虛擬「禁忌植物園」，盼能讓大家逛得盡興。

　我雖使出渾身解數帶領大家參觀，但有些部分可能說得不夠詳實，有些則過於滔滔不絕，還請大家就當作是「園長個人特色」莫見怪。謝謝各位陪我走完參觀行程，辛苦大家了。若對這些植物們湧現興趣的話，歡迎即刻舊地重遊，或隨時隨地再次造訪，我永遠樂意做大家的嚮導。

　最後，於本書執筆之際，從提案階段至付梓完成，皆受到山與溪谷社自然圖書出版部的白須賀奈菜小姐，以及同部門中途助陣的宇川靜小姐的諸多協助，眞的很感謝兩位。還有，爲本書畫出與整體氛圍相呼應之精美插圖的北村美紀小姐、設計師佐佐木曉先生，以及負責校對的高松夕佳小姐，在此向三位致上十二萬分的謝意。

當然還要感謝拿起本書閱覽的各位讀者，眞的很謝謝大家。也要向總是在我執筆時默默爲我加油打氣的家人們說聲謝謝。

禁忌植物園園長·作者

參考文獻

■石川元助『ガマの油からＬＳＤまで』第三書館（1990）

■岩井和夫、渡辺達夫編『トウガラシ―辛味の科学』幸書房（2000）

■植松黎『毒草を食べてみた』文春新書（2000）

■宇賀田為吉『タバコの歴史』岩波新書（1973）

■ジョン・エムズリー、ピーター・フェル（渡辺正訳）『からだと化学物質―カフェインのこわさを知ってますか？』丸善（2001）

■大木幸介『毒物雑学事典―ヘビ毒から発ガン物質まで』講談社（1984）

■大熊規矩男『日本のタバコ』現代教養文庫、社会思想社（1963）

■岡崎寛蔵『くすりの歴史』講談社（1976）

■緒方章『一粒の麦―老薬学者の手記』廣川書店（1960）

■小野宏、小島康平、斎藤行生、林祐造監修『食品安全性辞典』共立出版（1998）

■門崎允昭『アイヌの矢毒 トリカブト』北海道出版企画センター（2002）

■邦光史郎『謎の正倉院』祥伝社（1990）

■栗田子郎『ヒガンバナの博物誌』研成社（1998）

■栗原堅三『味と香りの話』岩波新書（1998）

■エンゲルベルト・ケンペル（斎藤信訳）『江戸参府旅行日記』平凡社（1977）

■後藤實（山田光胤監修）『くらしの生薬』たにぐち書店（2005）

■酒井シヅ編『薬と人間』ライフ・サイエンス・ブック、スズケン（1982）

■佐竹元吉、伊田喜光、根本幸夫監修（昭和漢方生薬ハーブ研究会編）『漢方２１０処方生薬解説—その基礎から運用まで』じほう（2001）
■佐藤哲彦『覚醒剤の社会史—ドラッグ・ディスコース・統治技術』東信堂（2006）
■佐野眞一『阿片王—満州の夜と霧』新潮社（2005）
■ジーボルト（斎藤 信訳）『江戸参府紀行』平凡社（1967）
■柴田承二監修（宮内庁正倉院事務所編）『図説正倉院薬物』中央公論新社（2000）
■澁澤龍彦『毒薬の手帖』河出書房新社（1984）
■清水籐太郎『日本藥學史』南山堂（1949）
■高山一彦編・訳『ジャンヌ・ダルク処刑裁判』古典文庫〈42〉、現代思潮社（1971）
■立木鷹志『毒薬の博物誌』青弓社（1996）
■辰野高司『日本の薬学』薬事日報社（2001）
■田所作太郎『毒と薬と人生』上毛新聞社（1998）
■アンソニー・T・ツ（井上尚英監修）『中毒学概論—毒の科学』薬業時報社（1999）
■カール・ツュンベリー（高橋文訳）『江戸参府随行記』平凡社（1994）
■ノーマン・テイラー（難波恒雄、難波洋子訳注）『世界を変えた薬用植物』創元社（1972）
■寺島良安（島田勇雄、竹島淳夫、樋口元巳訳注）『和漢三才図会』〈15〉〜〈18〉、平凡社（1990~1991）
■鳥越泰義『正倉院薬物の世界—日本の薬の源流を探る』平凡社新書（2005）
■アマール・ナージ（林真理、奥田祐子、山本紀夫訳）『トウガラシの文化誌』晶文社（1997）
■内藤裕史『中毒百科—事例・病態・治療』南江堂（2001）
■中尾佐助『栽培植物と農耕の起源』岩波新書（1966）
■中尾佐助『花と木の文化史』岩波新書（1986）
■中西進編『万葉集事典』講談社文庫（1985）
■西村佑子『魔女の薬草箱』山と溪谷社（2006）

■日本植物友の会編（本田正次、佐藤達夫、松田修監修）『日本植物方言集〈草本類篇〉』八坂書房（1972）
■春山行夫『花の文化史―花の歴史をつくった人々』講談社（1980）
■ロバート・フォーチュン（三宅馨訳）『江戸と北京』廣川書店（1969）
■深津正『植物和名の語源』八坂書房（1999）
■船山信次『アルカロイド―毒と薬の宝庫』共立出版（1998）
■船山信次『毒と薬の科学―毒から見た薬・薬から見た毒』朝倉書店（2007）
■船山信次『毒と薬の世界史―ソクラテス、錬金術、ドーピング』中公新書（2008）
■船山信次『〈麻薬〉のすべて』講談社現代新書（2011）
■船山信次『毒草・薬草事典―命にかかわる毒草から和漢・西洋薬、園芸植物として使われているものまで』サイエンス・アイ新書（2012）
■船山信次『カラー図解 毒の科学 毒と人間のかかわり』ナツメ社、（2013）
■船山信次「キダチタバコ」『中毒研究』27巻、24～25頁、へるす出版（2014）
■船山信次監修『カラー図鑑 謎の植物 衝撃ファイル』宝島社（2015）
■船山信次『毒があるのになぜ食べられるのか』ＰＨＰ新書（2015）
■船山信次『民間薬の科学―病気やケガに効く……民間の言い伝えはどこまで科学的か!?』サイエンス・アイ新書（2015）
■船山信次『毒！ 生と死を惑乱―「薬毒同源」の人類史』さくら舎（2016）
■船山信次『毒と薬の文化史』慶應義塾大学出版会（2017）
■船山信次『毒―青酸カリからギンナンまで』ＰＨＰ文庫（2019）
■船山信次『絵でわかる薬のしくみ』講談社（2020）
■船山信次『毒が変えた天平時代―藤原氏とかぐや姫の謎』原書房（2021）
■松木明知『華岡青洲と麻沸散―麻沸散をめぐる謎』真興交易医書出版部（2008）

- 松田修『花の文化史』東書選書〈9〉、東京書籍（1977）
- 山崎幹夫『歴史を変えた毒』角川書店（2000）
- 山田憲太郎『香談―東と西』法政大学出版局（1977）
- 山本郁男『大麻―光と闇』京都廣川書店（2012）
- 山本紀夫『トウガラシの世界史―辛くて熱い「食卓革命」』中公新書（2016）
- レジーヌ・ペルヌー（塚本哲也監修、遠藤ゆかり訳）『奇跡の少女ジャンヌ・ダルク』創元社（2002）

- E. F. Anderson, Peyote: The Divine Cactus, The University of Arizona Press, Tucson (USA, 1980)
- W. A. Emboden, Narcotic Plants, Collier Books (USA, 1980)
- S. Funayama, G. A. Cordll, Alkaloids: A Treasury of Poisons and Medicine, Academic Press (USA, 2015)
- M. Hesse, Alkaloids-Nature's Curse or Blessing?, Wiley-VCH (Germany, 2002)
- W. H. Lewis, P. F. Elvin-Lewis, Medical Botany, John Wiley & Sons (USA, 1977)
- J. L. Philips, Cocaine , The Mystique and the Reality, Avon Books（USA, 1980）
- Z. Řeháček, P. Saidl, Ergot Alkaloids-Chemistry, Biological Effects, Biotechnology, Academia, Praha (Czechoslovak, 1990)
- R. E. Schultes, A. Hofmann, Plants of the Gods, McGraw-Hill Book Company (USA, 1979)

索引

（依筆畫順序）

船山信次（Funayama・Shinji）

一九五一年生於宮城縣仙台市。東北大學藥學院畢業、東北大學研究所藥學研究科博士課程修畢。藥劑師，藥學博士。主修天然物化學、藥用植物學、藥學史。曾任伊利諾大學藥學系博士研究員、北里研究所微生物藥品化學部室長輔佐、東北大學藥學院助理～專任講師、青森大學工學院助理教授～教授，弘前大學客座教授（兼任）、日本藥科大學教授（圖書館長）等職務，現擔任日本藥科大學特聘教授、日本藥科大學藥用植物園園長、日本藥科大學漢方資料館館長、日本藥史學會常任理事等。主要著作有《毒與藥的世界史（毒と薬の世界史）》（中公新書）、《〈毒品〉大小事（〈麻薬〉のすべて）》（講談社現代新書）、《毒草、藥草事典（毒草・薬草事典）》（Science-i 新書）、《毒——從氰化鉀到銀杏（毒——青酸カリからギンナンまで）》（PHP 文庫）、《毒物改變了天平時代——藤原氏與輝夜姬之謎（毒が変えた天平時代——藤原氏とかぐや姫の謎）》（原書房）等。

◎封面繪圖、插圖：北村美紀

禁忌植物園

毒物、麻藥與藥草，來自黑暗深淵的危險香氣

2022年10月1日　初版第一刷發行

作　　者　船山信次
譯　　者　陳姵君
編　　輯　魏紫庭
發 行 人　南部裕
發 行 所　台灣東販股份有限公司
　　　　　<地址>台北市南京東路4段130號2F-1
　　　　　<電話>(02)2577-8878
　　　　　<傳真>(02)2577-8896
　　　　　<網址>http://www.tohan.com.tw
郵撥帳號　1405049-4
法律顧問　蕭雄淋律師
總 經 銷　聯合發行股份有限公司
　　　　　<電話>(02)2917-8022

國家圖書館出版品預行編目(CIP)資料

禁忌植物園：毒物、麻藥與藥草,來自黑暗深淵的危險香氣/船山信次著；陳姵君譯. -- 初版. -- 臺北市：臺灣東販股份有限公司, 2022.10
218面；13.1X16公分
譯自：禁断の植物園
ISBN 978-626-329-469-1(平裝)

1.CST: 有毒植物 2.CST: 藥用植物

376.22　　111014148